行为心理学

文娟　编著

图书在版编目（CIP）数据

行为心理学 / 文娟编著. –– 长春：吉林文史出版社，
2018.11（2019.8重印）

ISBN 978-7-5472-5636-7

Ⅰ.①行… Ⅱ.①文… Ⅲ.①行为主义-心理学Ⅳ.①B84-063

中国版本图书馆CIP数据核字(2018)第248168号

行为心理学

出 版 人　孙建军
编 著 者　文　娟
责任编辑　陈春燕　赵　艺
封面设计　韩立强
出版发行　吉林文史出版社有限责任公司
地　　址　长春市人民大街4646号
网　　址　www.jlws.com.cn
印　　刷　天津海德伟业印务有限公司
版　　次　2018年11月第1版　2019年8月第2次印刷
开　　本　880mm×1230mm　　1/32
字　　数　200千
印　　张　8
书　　号　ISBN 978-7-5472-5636-7
定　　价　38.00元

前言

　　有时人的语言是靠不住的，因为大多数人都能操纵自己的语言。然而，语言是可以骗人的，但人的行为却不会作假，它会在无形之中反映一个人内心的真实想法。西方心理学开山鼻祖弗洛伊德曾经说过这样一句经典名言："任何人都无法保守他内心的秘密，即使他的嘴巴保持沉默，但他的指尖却喋喋不休，甚至他的每一个毛孔都会背叛他。"由此可知，任何一个人的内心都是有踪迹可循、有端倪可察的，不管他掩盖得多么严实，只要我们懂一点行为心理学，就能读懂对方行为、动作背后所隐藏的含义，读懂对方的内心世界。

　　行为，是受思想支配而表现出来的活动，它包括有声语言和身体语言两个方面，其中身体语言是指人们在日常生活中，通过身体某些部位的表情、姿态、动作、生理反应以及衣饰等透露出来的心理信息。它同有声语言一样，甚至比有声语言更能反映人真实的内心。举手投足、一颦一笑、皱眉凝眸……这些行为往往能够揭示人的情感、态度、智慧和教养，它们同有声语言一起构成了人类的语言，共同传递着人内心最隐秘的信息，而这些信息对于掌控人心起着至关重要的作用。据统计，一般人一天传递的非语言信息（绝大多数为身体信息）是语言信息的 5 倍多。一条信息传递的全部方式中，有 55％ 的信息是无声的。正如古希腊哲学家苏格拉底所说：高贵和尊严，自卑和好强，精明和机敏，傲慢和粗俗，都能从静止或者运动的面部表情和身体姿势中反映出来。因此，如果我们能了解各种行为所代表的含义，就能读懂别人隐藏的心思，让他人内心的想法完整呈现；如果能掌握通过行为读取别人内心的技巧，在不为人知的情况下了解并影响他人，便可以消除人际关系中的种种烦恼。

社会交往活动的种种艰难之处，全在于个人无法洞察他人的内在心理，对对方心理状态把握不当的沟通、说服，会引发诸多不良反应。比如，在不知道对方已经厌倦的情况下滔滔不绝地陈述、在对方有兴趣的时候不加以跟进、在对方抗争之前不懂得合理引导等，都可能对人际关系产生负面作用，导致误解、隔阂、矛盾，甚至人际冲突。在职场中，下属与上司存在同样的困扰。一个管理者最艰难的工作是不知道在与下属的交流中是否真正能够让下属听进去，下属是接受还是排斥，因为无法洞察下属内在的心理变化，管理活动总是阻碍重重。在与领导的交往中，职员普遍存在的困扰是不能清晰地把握领导究竟是怎样的态度：他对这件事的看法怎样？他对于我的汇报、请示等是否感到满意？我是不是应该继续下面的谈话……在情场上，很多人也在为不能清楚探知对方的真实心理而苦恼不已。他（她）究竟喜不喜欢我？他（她）心里到底是怎么想的？我要怎么做才能赢得他（她）的心？他（她）究竟是个什么样的人，能不能和我牵手一生呢……

为了帮助人们解决这些困扰不已的问题，我们组织专业人员编写了《行为心理学》一书。本书从外貌特征、言谈话语、行为举止、生活习惯、衣着打扮、兴趣爱好等多角度入手，挖掘隐藏在人们各种行为背后的真实心理，并结合大量生动、具体的例子，进行深入透彻、系统全面的剖析，由表及里，由内至外，步步推进，通过揭秘这些行为来帮助人们掌握判断他人真实内心的有效技巧，并掌握如何利用行为来影响他人的方法。阅读本书，你将对行为心理学的内涵及其运用有全面深入的了解，从而揭开行为背后的心理密码，读懂他人的真实意图，窥破人际关系的秘密，掌握和运用比说话更高效的沟通技巧；你将培养出非同一般的洞察力，可以更深入地认识自己与他人的微妙关系，从而更加彻底地了解他人、透彻地认识自己；你将知道老板、同事、商务伙伴等到底在想什么，而不是仅仅知道他们在说什么；你将可以轻松辨别某个人是不是真的爱上了你，还是仅仅是你自己的错觉；你将学会怎样控制非语言信号，只传递你希望传递的信息，从而有效影响他人，获得一种比其他人更具优势的生存技巧，让你在工作与生活中游刃有余。

　　老子说："知人者智。"在这个竞争日益激烈的时代，想要取得事业的成功、建立广泛的人际关系、收获家庭的幸福，行为心理学就是你必须要掌握的一门学问。掌握看懂行为背后真实心理的本领，才能"世事洞明，人情练达"，在复杂的人际关系中游刃有余、得心应手，使自己成为人际关系的赢家，进而在事业上取得进一步的成就，赢得美好、幸福和成功的人生。

目录

上篇　解读日常行为密码，掌控人际交往的主动权

第一章　人心写在脸上，从面部表情看认可与否定

点头如捣蒜，表示他听烦了 …………………………………… 3

轻易点头也许是想拒绝请求 ………………………………… 5

一条眉毛上扬，表示对方在怀疑 …………………………… 7

习惯性皱眉的人，需要感性诉求 …………………………… 9

鼻孔扩张的人情绪高涨 ……………………………………… 11

下巴的角度是态度的分水岭 ………………………………… 13

面带微笑的人，想拉近和你的距离 ………………………… 16

模仿你打哈欠，是"认同你"的开始 ……………………… 18

表情，让他的心底一览无余 ………………………………… 21

第二章　笑容背后寓意深，通过笑容和笑姿识人个性

微笑可传达信息 ……………………………………………… 24

通过笑声大小看人 …………………………………………… 29

通过笑容和笑姿看人 ………………………………………… 32

识别真笑和假笑 ……………………………………………… 37

不同程度的笑 ··· 42

不怀好意的笑 ··· 46

开怀大笑 ··· 50

微笑的力量 ··· 53

通过微笑辨别谎言 ··· 56

第三章　言辞声调露心声，从语言中破译对方心态

从闲谈中破译对方心态 ································· 59

从客套语看人心 ··· 63

从语言风格识个性 ··· 64

说话方式与行为模式的关联 ························· 66

说话的速度和语气透露内心 ························· 68

从谈话主题透露人的内心 ····························· 69

多留心对方的音调 ··· 70

从说话韵律看透他人 ····································· 71

第四章　人身向来随心动，从行为举止知其心

爱幻想：双手托腮 ··· 74

挑战之意：双手叉腰 ····································· 75

意见不同：十指交叉 ····································· 76

防卫心重：双臂交叉 ····································· 76

显示威慑力：拍案而起 ································· 78

力量的体现：紧握拳头 ································· 79

果断的印象：手势下劈 ································· 80

坐姿与心理反应 ··· 81

古板型的坐姿 ··· 82

悠闲型的坐姿 …………………………………… 83

自信型的坐姿 …………………………………… 84

腼腆羞怯型的坐姿 ……………………………… 85

谦逊温柔型的坐姿 ……………………………… 85

坚毅果断型的坐姿 ……………………………… 86

投机冷漠型的坐姿 ……………………………… 87

放荡不羁型的坐姿 ……………………………… 87

中篇　解读职场行为密码，增加职场博弈成功的筹码

第一章　有业绩更要有人际，解读同事微行为了解其为人

从对待工作的态度看人 …………………………… 91

从面部表情识别同事的心理 ……………………… 92

柏拉图型的同事 …………………………………… 93

关云长型的同事 …………………………………… 94

把剩下的话吞下去：没有自信的人 ……………… 95

等对方说完：沉得住气的人 ……………………… 95

跟对方抢着讲：一触即发的人 …………………… 95

马上要求对方尊重他：盛气凌人的人 …………… 96

识别职场中同事的类型 …………………………… 96

第二章　品质比能力重要，解读下属微行为见其本性

领导看识下属的三原则 …………………………… 100

领导要学会看人之道 ……………………………… 103

运用沟通的方式来了解下属 ……………………… 104

如何对待下属的讨好 ……………………………… 108

巧妙应对"难缠"的下属 …………………… 112

管仲如何识破下属之心 …………………… 117

发现职场中的精英 ………………………… 122

识破谄媚者的内心 ………………………… 125

识别具有潜质的部下 ……………………… 127

第三章　用对人才能做对事，解读合作伙伴微行为揣摩其工作态度

有城府的人，需要你去试探 ……………… 133

危难面前，考查他的胆识 ………………… 135

利益面前，看他是否清廉 ………………… 138

任务面前，考查他的信用 ………………… 141

亲近面前，观察他的礼节 ………………… 144

混杂面前，探察他的本性 ………………… 146

好相处的人，能很快融入团队 …………… 149

疏远面前，观察是否忠诚 ………………… 151

第四章　慧眼识出千里马，解读对方微行为选出英才

与下属面谈，了解他的性格特点 ………… 154

衣着修饰中的性格窥视 …………………… 157

背后闲话能暴露真实想法 ………………… 160

身体姿势反映内心世界 …………………… 162

读眼术：眼神最是骗不过 ………………… 164

透过言谈举止识人 ………………………… 167

从眉毛读懂人的情绪波动 ………………… 171

从脚就知道下属信不信任你 ……………… 175

说话时的"小动作"比语言更说明问题 …… 177

下篇　解读情场行为密码，洞悉俘获幸福爱情的"潜台词"

第一章　赢得爱情靠眼力，从小动作看出异性对你的好感度

触碰你的随身物品，是要和你牵手的前兆 …………… 183

四种牵手方式，显示不同的亲密度 …………………… 184

约会中的小动作，预知他的下一步行动 ……………… 185

从双腿摆放的方式，看出他对你的好感度 …………… 187

喜欢你的男人，不会一直凝视你 ……………………… 188

烟不离手的男人，只把你当普通朋友 ………………… 189

从约会的动作获得女孩的心理信息 …………………… 190

读懂她的"爱意表达五部曲" ………………………… 191

第二章　女人的心思不难猜，解读女人微反应揣摩其真实意图

从相貌选择贤妻 ………………………………………… 195

从女人的眼睛观察她 …………………………………… 198

从女人的手探视对方 …………………………………… 200

从女人的腰了解对方 …………………………………… 202

从女人的腿看透对方 …………………………………… 203

从女人的发型观察她 …………………………………… 204

从戴戒指判断女人对爱情的态度 ……………………… 206

从搭车看女孩爱你的程度 ……………………………… 209

从吸烟姿势看透女人的性格 …………………………… 210

从女友与陌生人说话推知她的忠贞度 ………………… 212

第三章　看穿他才能把握爱，从男人的微行为了解其真实性情

认清男人的真面目 ……………………………………… 214

从男人的体型看性格 ……………………………… 216

从面相透视男人的真面目 ………………………… 219

从男人的走姿了解他的性情 ……………………… 222

从情人节的礼物判断他真实的想法 ……………… 223

从男友喜欢的手指看他爱你有多深 ……………… 226

从他对家人的爱观察他 …………………………… 227

花钱的男人 ………………………………………… 229

沉默的男人 ………………………………………… 231

第四章　爱你在心口难开，从异性微行为辨别求爱的信号

当某人身体的温度上升 …………………………… 233

格雷汉姆的故事 …………………………………… 234

为什么总是女性掌握局势 ………………………… 236

女性的求爱信号和姿势 …………………………… 237

什么样的女性才是男性所喜爱的 ………………… 240

为什么漂亮的女性却没有机会 …………………… 241

上篇

解读日常行为密码，掌控人际交往的主动权

第一章
人心写在脸上，从面部表情看认可与否定

点头如捣蒜，表示他听烦了

点头是最常见的身体语言之一，它可以表达自己肯定的态度，从而激发对方的肯定态度，还可以增进彼此合作的情感交流。点头能够表达顺从、同意和赞赏的含义，但并非所有类型的点头姿势都能准确传达出这一含义。点头的频率不同，所代表的含义就有可能不同。

缓慢地点头动作表示聆听者对谈话内容很感兴趣。当你表达观点时，你的听众偶尔慢慢地点两下头，这样的动作表达了对谈话内容的重视。同时因为每次点头间隔时间较长，还表现出一种若有所思的情态。如果你在发言时发现你的听众很频繁地快速点头，不要得意，因为对方并非就是赞同你的观点，他很可能是已经听得不耐烦了，只是想为自己争取发言权，继而结束谈话。

刚刚大学毕业的明宇去一家单位面试，负责面试的是一个年轻女孩。问了几个常规问题后，她话锋一转问起明宇的

兴趣爱好。明宇随便聊了几句法国小说，张口雨果闭口巴尔扎克和她聊了起来。年轻考官好像很感兴趣，对他不住地点头，明宇仿佛受到了鼓舞。话题轻松，聊的又是明宇的"强项"，他有些有恃无恐，刚进大学那阵子猛啃过一阵欧洲小说，觉得还真帮上大忙。见考官这么有兴致，明宇当然奉陪。眼看临近中午，年轻的面试官不住地点头、不停地看表，明宇还没有停下来的意思，原定半小时的面试，他们谈了一个多钟头。面试结束，考官乐呵呵地说："回去等消息吧。"明宇也乐呵呵地说："希望以后有机会再聊。"明宇回去悠闲地等，最终也没有等到复试的通知。

从这个例子可以看出，听众在你发言的时候不停地点头，往往不是对你十分赞同，而是觉得你说话太啰唆，他只是想借助这个动作让你不用再多说。明宇在表达的时候不顾及他人的肢体语言传达出的感受，一厢情愿地侃侃而谈，如此会错了意又怎么会有好的谈话效果？同时，经过心理学家的实验证实，当对方做"点头如小鸡啄米"这个动作时，当他快速地点头的时候，他其实很难听清你在说什么。被父母唠叨的小孩子身上也能经常见到这样的动作，当父母说"你不能……"的时候，孩子会频频点头，嘴里叨念着"知道了，知道了"。这样的动作恐怕真是答应得快、忘记得更快了。

如果对方是真正赞同地点头，他会在你说完话后，缓慢地点头一下到两下，这样表示他是在用心听你说话。如果他希望你继续提供信息，他会在你谈话停顿时，缓慢而连续地点头，他是在鼓励你继续说下去。点头的动作具有相当的感染力，能在人的心里形成积极的暗示。因为身体语言是人们的内在情感在无意识的情况下所作出的外在反应，所以，如果他怀有积极或者肯定的态度，那么他说话的时候就会适度点头。

轻易点头也许是想拒绝请求

点头和摇头在人们日常生活中很常见，然而在现实生活中，这点头的含义还需要细细揣摩，在很多时候点头并不表示同意，而轻易点头更有可能是一种无声的拒绝。轻易点头所表现出来的是一种无可奈何的心态，明明心中很不耐烦，然而碍于面子或者某种特殊情况，不得已而做出点头的动作，而实际上，它是一种拒绝的表现。

你向别人提出一个请求，他还没听完就频频点头说自己"知道了"，千万别急着高兴，他多半并没有真正想帮助你。这很明显就是一种应付式的答应，其真实含义为含糊式的拒绝。

一位保险推销员对此深有体会。他说："我向人推销保险时，话未说完，对方点头说，好吧，我们考虑考虑再给你答复。其实他对我的话并不感兴趣，已经不耐烦了。这时我要做的是适时改变话题，或者另找时间。"

当一个对你的性格、目的所知不多的人，对你的请求显示出"闻一知十"的态度，通常是不想让你继续说下去。

不妨试想一下，当我们要接受一个人的请求时，总是有耐心地听他讲完，然后根据问题的难易程度来决定该怎样做。所以出现这种情况的解释就是要么他不愿意帮助或接受，而是出于礼貌而不采取直接拒绝你的办法；要么就是他没有耐心去了解你的意思，他只能用点头的方式来表示听懂了。

晶晶和小凯结婚 7 年后，小凯出轨了。每次晶晶一哭二闹三上吊的时候，小凯都会不住地点头说，行了，行了，我不再和她来往了。答应归答应，小凯和第三者的联系从未断过。晶晶每次都和闺密哭诉，他明明答应了，明明答应了的……

从这个例子可以看出，当你看到对方轻易点头，并表示答应时，不要被表象迷惑，其实有时候这只是一种敷衍。通常情况下，你的话还未说完，对方却连续地点头说"好的，好的……"，或者心不在焉地说"行，就这样吧"，你的头脑中会产生不祥的预感，感觉心里没底。非常不相信对方作出的承诺的真实性，总感觉对方根本就没有听明白其中的意思或者深思其中的含义，而且所表现出来的更多的是无奈和敷衍。其实，这时候你要知道，你的目的没有达到，要清楚不能在一棵树上吊死，应该多寻找更多有效的方式或者解决的办法了。

一条眉毛上扬，表示对方在怀疑

眉毛的主要功用是防止汗水和雨水滴进眼睛里，除此之外，眉毛的一举一动也代表着一定的含义。可以说，人的喜怒哀乐、七情六欲都可从眉毛上表现出来。

毕业论文答辩会上，小吴发现自己在陈述时，一名评分教授一条眉毛一直上扬。这一动作让小吴分外紧张，她开始强烈地怀疑自己的论文水平。答辩结束以后，很多同学都说到了一条眉毛上扬的教授。看来这个教授在听每个人的答辩时都眉毛上扬。

如果这位教授只对小吴做出了这个表情，那么表示他是在怀疑，可能是因为他并不认同小吴的论点。但所有的同学都开始反映这个问题时，眉毛上扬的动作很可能就只是他的一种习惯。两条眉毛一条降低，一条上扬，它传达的信息介于扬眉和低眉之间，半边脸激越、半边脸恐惧。如果你遇到一条眉毛上扬的人，表示他的心情通常处于怀疑的状态，也说明他正在思考问题，扬起的那条眉毛就像是一个问号。

每当我们的心情有所改变时，眉毛的形状也会跟着改变，从而产生许多不同的重要信号。眉飞色舞、眉开眼笑、眉目传情、喜上眉梢等成语都从不同方面表达了眉毛在表情达意、思想交流中的奇妙作用。观察对方眉毛的一举一动在第一次见面时就可以把对方的性格猜个八九不离十，你若是精明人就很容易捕捉以下的细节：

1. 低眉

低眉是一个人受到侵犯时的表情，防护性的低眉是为了保护眼睛免受外界的伤害。

在遭遇危险时，光是低眉还不够保护眼睛，还得将眼睛下面的面颊往上挤，以尽最大可能提供保护，这时眼睛仍保持睁开并注意外界动静。这种上下压挤的形式，是面临外界袭击时典型的退避反应，眼睛突然被强光照射时也会有如此的反应。当人们有强烈的情绪反应，如大哭大笑或感到极度恶心时，也会产生这样的反应。

2. 眉毛打结

指眉毛同时上扬及相互趋近，和眉毛斜挑一样。这种表情通常代表严重的烦恼和忧郁，有些慢性疼痛的患者也会如此。急性的剧痛产生低眉而面孔扭曲的反应，较和缓的慢性疼痛才产生眉毛打结的现象。

3. 耸眉

耸眉可见于某些人说话时。人在热烈谈话时，差不多都会重复做一些小动作以强调他所说的话，大多数人讲到要点时，会不断耸起眉毛，那些习惯性的抱怨者絮絮叨叨时就会这样。如果你想通过对方的面部表情了解一些潜在的信息，眉毛就是上佳的选择。

4. 轻抬眉毛

《老友记》里的主人公之一乔伊，因其丰富、幽默的面部表情给观众留下了深刻的印象。他不善言辞，经常话到嘴边却不知道用什么词语来表达，但他丰富有趣的面部表情却准确地传达出了自己的想法，仅仅是眉毛上的动作就有很多种。当他遇到自己心仪的美女时，会微笑着，轻抬一下眉毛，不用说话，对方就知道他对自己有好感。

轻抬眉毛的动作从远古时代就已经广泛使用了，当你向距离稍远处的人打招呼的时候，会不由自主地使用这个动作，迅速地轻轻抬一下眉毛，瞬间后又回复原位，这个动作可以把别人的注意力引到你的脸上，让他明白你正在向他问好。

眉毛虽然只是人面部一个很小的部分，但作用却很大，它的一动一静，都会在无形中透露你的心境。

习惯性皱眉的人，需要感性诉求

"眉头"两个字常被用来形容人情绪的跌宕起伏，"才下眉头，却上心头""枉把眉头万千锁""千愁万恨两眉头"……基本用到眉头一词，就脱离不了愁字。

当然，皱眉代表的心情除了忧愁之外还有许多种，例如：希望、诧异、怀疑、疑惑、惊奇、否定、快乐、傲慢、错愕、不了解、无知、愤怒和恐惧。皱眉是一种矛盾的表情，两条眉毛彼此靠近，中间还有竖纹。紧张的眉间肌肉和焦虑的情绪都无法得到放松。其实，一般人不会想到皱眉还和自卫、防卫有关，而带有侵略性的、畏怯的脸，是瞪眼直观、毫不皱眉的。

相传，四大美女之首西施天生丽质，禀赋绝伦，连皱眉抚胸的病态都楚楚动人，亦为邻女所仿，故有"东施效颦"的典故。在越国国难当头之际，西施以身许国、忍辱负重，皱眉是情绪的自然反应，也是内心世界恐惧的流露，是带着防卫心态的，对他人走近自己带着些许的抗拒。

如果你遇到一个习惯紧锁双眉的人，你也要小心翼翼。他表情忧虑，基本上是想逃离他目前的境地，却因某些原因不能如此做。这类人给人一种随兴感，他看起来不那么随和。他多半会有些挑剔、精打细算、直觉敏锐。他个性务实，办事认真，不太会大惊小怪，不会放任任何细节。当然，他还有些犹豫。

研究发现，眉毛离大脑很近，最容易被大脑的情绪牵引，眉毛的动作是内心世界变化的外在体现。下面，你可以从皱眉的细微差别中观察个性的心理表现。

1. 听你说话时锁紧双眉

如果他在你说话的时候锁紧双眉，通常这表示你的话有些地方引起他的怀疑或困惑。缓慢的语速，真挚的话语往往可以打动他，消除他的疑惑。

2. 自己说话时紧皱眉头

这样的人不是很自信，他希望自己的话不会被你误解，也渴望你能给他肯定。用更直白的方式诠释他说过的话，当他清楚明白时，你们的沟通将会更加顺畅。

3. 手指掐着紧皱的眉心

他个性上通常带着神经质的成分，常犹豫不决，常常后悔自己的决定。遇到这样的人，你要做好心理准备，与他沟通将是一个长期的过程，需要花费更多的时间和精力来消除他的顾虑。

如果你想通过对方的面部表情了解一些潜在的信息，眉毛就是上佳的选择。人额头的皮肤最薄，一有轻微动作就会展现在眉头上，眉头一皱，眼睛因挤压而缩小，总给人忧郁的感觉。所以，习惯性皱眉的人，往往需要更多的感性诉求。只有他卸下了防卫的面具，才能放弃心底最后的挣扎，下次你不妨从眉间找奇迹。

鼻孔扩张的人情绪高涨

有位研究身体语言的学者，为了弄清鼻子的"表情"问题，他在车站、码头、机场等不同的地方观察各种鼻子，专门做了一次观察"鼻语"的旅行。据他观察，人的鼻子是会动的。例如，在你和人沟通的过程中，你发现他鼻孔扩张，这表明他的情绪非常高涨、激动，他正处于非常得意、兴奋或者是气愤的状态。从医学的角度上看，人在兴奋和气愤的情况下，呼吸和心跳会加速，从而引起鼻孔扩张。

不只是人类，动物有时也会用鼻子来表达情绪。在动物的世界里，如果你仔细观察的话，一定会发现大多数动物喜欢用龇牙和扩张鼻孔来向对方传递攻击信号，尤其是像黑猩猩这样的灵长类动物，每当它们生气发怒的时候，往往会将鼻孔扩张得很大。从生理学上来说，它们这样做是为了让肺部吸入更多的氧气，但是，从心理学上来说，它们正处于情绪高涨的状态，这是在为战斗或逃跑做准备。

除了鼻孔扩张之外，还有歪鼻子，这表示不信任；鼻子抖动是紧张的表现；哼鼻子则含有排斥的意味。此外，在有异味和香味刺激时，鼻孔也会有明显的动作，严重时，整个鼻体会微微地颤动，接下来往往就会出现打喷嚏的现象。

研究还发现，凡有高鼻梁的人，多少都有某种优越感，他们很容易表现出情绪高涨、饱满的状态。关于这一点，有些影视界的女明星表现得最为突出。与这类"挺着鼻梁"的人打交道，比跟低鼻梁的人打交道要稍难一些。而在思考难题、极度疲劳或情绪低落的时候，人们会用手捏鼻梁。这些鼻孔的变化、触摸鼻子的动作，是了解他们身体语言的法宝。

鼻子这一部位的表情，也的确能提供一定的心理表现的线索，让我们通过鼻子微小的变化来看看更多不为人知的身体语言信息吧。

1. 鼻头冒出汗珠

这表明对方心里焦躁或紧张。他的个性比较强，做事有些急于求成。因为心情焦急紧张，鼻头才有发汗的现象。

2. 鼻子泛白

这表示他的心里有所恐惧或顾忌。如果他不是你的对手或与你无利害关系，鼻子泛白是由于踌躇、犹豫的心情所致。另外，在自尊心受损、心中困惑、有点罪恶感、遭遇尴尬时，也会出现鼻子泛白的情形。

3. 鼻头红

这种情况多与健康状况有关，比如长期饮酒，食用辛辣食物过量、情绪过于激动紧张、皮肤过敏等。除了这些，鼻头发红也有可能暗示心血管疾病或者是肝功能异常，如果鼻子呈现蓝色或棕色，要当心胰腺和脾脏的毛病。

由此可见，鼻子虽然是人体五官中最缺乏运动的部位，但也是有着自己的语言的。当你观察一个人时，不妨从鼻子的语言入手去看透对方。

下巴的角度是态度的分水岭

当你向一群人或朋友发表自己的意见时，如果你留心观察一下他们，可能会发现这样一个有趣现象：在你发言的过程中，他们中的很多人会把手放在脸颊上，摆出一幅估量的姿势。当你的发言接近尾声，你让他们对你刚才的发言发表一些意见或是看法时，有趣的现象便开始出现了，他们会迅速结束自己原先的估量姿势，将手移到下巴处，并轻轻地抚摸下巴，这时，每个人的下巴角度又都是不同的。

下巴的动作一般分为抬高下巴和收缩下巴。下巴的角度不同，所代表的态度也不同，这可能会暗示他们的决定是积极的还是消极的。你的最佳策略就是冷静地观察他们的下一个动作。

如果他们在抚摸下巴之后，将自己的手臂和腿交叉起来，并将身体后仰在椅子上，将下巴抬高，这种情况下，他们的最终决定可能是否定的。一旦出现此种情况，你大可不必惊慌，因为事情还没有到完全无法挽回的地步。此时你应迅速征求一下他们的意见，请他们说出心中的疑惑、不满，然后对其进行一一解答。这样一来，那些原来心存疑惑、情绪不满的听众很可能会改变他们的决定了。

如果他们在轻轻抚摸自己的下巴后，身体后靠，同时手臂张开，下巴的弧线内敛，这就表明他们的决定很可能是肯定的。一旦出现此种情况，你就可以接着在台上尽情地"纵横驰骋"了。

下巴的动作除了与对方态度的认可与否定相关外，下巴的角度还和威严感、傲慢有关。我们观察以动作片闻名的男影星的海报时就可以发现，他们总是以高抬的下巴来显示自己的雄性特征。抬高下巴的姿势大部分都会呈现一种盛气凌人的感觉。

女总裁出差时与下榻的宾馆服务人员发生了一点争执。她坐在沙发上，对方站在她的对面。女总裁说："你不用说了，把你们经理找来。"她说话时，高高抬起下巴。但却不是为了把视线落在站着的服务生身上，因为她望向了另一边。

当对方的视线位置比我们高时，我们可能会抬起头来与他讲话。但这里的女总裁显然不是为着这个目的才高抬下巴的。她的高抬下巴则显示了一种傲慢和自认为高人一等的态度，高抬的下巴和望向另一边的视线都在向对方表示"对继续谈话没有兴趣"。

下巴高抬的角度表示高人一等也有着它的渊源。我们必须承认高度很能影响一个人的气度，虽然这不是绝对的，但是从更大的范围里，我们发现领导者的身高对他的形象塑造有着非常重要的作用。在军事院校指挥专业的选拔上，身高就是很重要的参考指标。但是身高通常都是先天决定的，无法更改。但人们乐于从任何细节上来提升身高，比如高抬下巴。动作者潜意识里想要比对方高出一些来，于是用伸长脖子并且下巴高抬的姿势来强调。

相反，而下巴收缩的角度则代表一种小心翼翼的畏惧感，爱收缩下巴的人与喜欢高抬下巴的傲慢人士性格截然相反。他们比较谨言慎行，凡事都很小心，所以能够办好手头上的工作。但他们只注重自己眼前的工作，相对保守和传统。

下巴的动作虽然轻微，可是却可以凭借下面这些影射内心的"投影机"来解读他人。

1. 表示愤怒的下巴

愤怒的人下巴往往会向前撅着，这一般也表达威胁和敌意。观察那些不听话的小孩，在回答"不"之前他们做的第一件事就是挑战般地撅起下巴。

2. 表示厌倦的下巴

当你看到他手平展，轻叩下巴下面数次，这表示他正感到十分厌烦。最初这一动作只表示某人吃饱喝足没事做。现在，它更多是暗示某人的厌倦之感。

3. 表示全神贯注的下巴

当你看到有人轻轻地、缓慢地抚摸下巴，就像摸着他的胡须一样，你最好不要轻易打扰，这表明此人正在精力集中地思索或聆听。

下巴的角度是态度的分水岭，是了解个性的媒介。如果你想了解自己是被接纳还是被拒之千里，那么看看他的下巴吧！

面带微笑的人，想拉近和你的距离

波拿多·奥巴斯多丽在其《如何消除内心的恐惧》一书中说过这样一句话："你向对方微笑，对方通常也会对你报以微笑，即使你们双方的微笑都是假的，因为任何微笑都是可以传播的。"事实也是如此，如果你遇到一个面带微笑的陌生人，相信比起那些嘴角朝下，紧缩双目的人，你一定更愿意与面带微笑的人接触。他能对着你微笑，也表明他想和你拉近距离。所以有人说，微笑是能"传染"的。

那么微笑真的能传播吗？是什么原因导致微笑能在人与人之间传播的呢？这主要是由人不自觉的模仿意识所致。因为在人的大脑中，有一种特殊的"模仿神经"，它会自动引导脑部中负责辨认他人面部表情的部分，从而使人立即产生模仿他人各种表情的反应。这就是说，无论我们是否意识到，大脑的"模仿神经"都会引导我们不由自主地去模仿我们所看到的他人的各种面部表情。

　　瑞典心理学家尤里夫的实验也证明了这一点。试验中，尤里夫使用了一种可以从人体肌肉中获得电流信号的仪器对100名志愿者进行测量，测验他们在观看不同图片时的反应。在这些图片中，有些是人愤怒时的表情，有些是人生气时的表情，有些是人哭泣时的表情，也有些是人高兴时的表情，还有些是人微笑时的表情。在观看这些丰富多彩的表情之前，尤里夫向志愿者提出了这样一个要求，在第一次逐一观看这些图片的时候，每个人必须相应做出愤怒、生气、哭泣、微笑等表情，在进行第二次观看的时候，每个人必须做出与图片中截然相反的表情，比如，如果看到的是微笑的表情，你就必须做出哭泣的表情，如果你看到的是愤怒的表情，你就必须做出高兴的表情。随后，尤里夫便要求志愿者按照他的要求开始观看图片。

　　结果表明，志愿者都能轻松自如地做出与图片上一样的表情，但是当他们在做出与图片中截然相反的表情时，很多人都遇到了麻烦，比如图片上的人做出的是哭的表情，他们要做出笑的表情则是非常困难的。虽然他们都力图控制自己的面部反应，使之表现出与图片上截然相反的表情，但是，很多人都不由自主地模仿自己所看到的表情，尤其看见图片上他人脸上露出微笑的表情时，几乎每个人都不能做出哭的表情姿势。相反，他们都不由自主地做出了和图片上一样的表情——笑。

　　由此，我们也可理解那些有丰富谈判经验的专家在"剑拔弩张"的谈判桌上，为什么总会在谈判前对对手笑口常开，因为他们都知道微笑能相互传播。如果他对对手微笑，对手也会相应地对他报以微笑，如此一来，双方便能给彼此一个好的印象，距离自然也拉近了，弥漫在彼此间的紧张气氛也会随之大大缓和，这就有利于双方谈判的成功。

模仿你打哈欠，是"认同你"的开始

我们经常说打哈欠会传染，通常一群人中有一个人有了这个动作，其他人就会竞相效仿。关于原因，科学家们还不是很清楚。但身体语言专家亚伦·皮斯认为哈欠是一种模仿行为。应该说打哈欠是最显著的模仿行为之一：只要一个人打哈欠，他身边的那些人就会接二连三地打哈欠。模仿行为并没有固定的行为，最初的动作者可能是随意的一个动作，但后来者使用了跟他一样的动作。比如撩起耳边的头发，抚摸另一只手的手背，等等，我们不讨论这些动作本身的含义，而是探究后来者进行模仿的这个事实的含义。

对肢体语言同步现象的研究显示，如果人们彼此之间有着相似的情绪，或是具有相同的思路，他们就很可能互相产生好感，而且会开始模仿对方的肢体语言以及面部表情。也就是说，模仿的产生不仅仅是外在的，正是因为内在的某些相似性，人们才会从"打哈欠"这样的动作开始模仿，而反过来从模仿里，他们也就能找到"同类者"，也可以说是在寻找跟他们志同道合的人。

跟他人保持"同步"是人与人之间的一个纽带。有一个有趣的说法是，当我们还是子宫中的胎儿时，就已经开始学习"同步"。因为我们的身体功能和心跳节奏都会尽量与母亲保持一致。所以，模仿可以说是人类与生俱来的一种倾向。

1. 模仿使人安心

我们和陌生人打交道时，通常我们会仔细观察他们是否会"模仿"自己的行为与姿势。如一个哈欠、一个手部动作，等等，因为，如果他们对你的肢体动作进行模仿，就代表着他们认同了你、接受了你，这是建立友善关系的开始。所以，当我们看到对方模仿自己时，就好像看到了自己的朋友，心里产生一种亲切感。

比如一个刚认识的朋友到你家里做客，他可能会感觉到很拘谨，尤其是在餐桌上。他会很担心自己的习惯和你家里不合拍，于是他会小心谨慎地先看看你和家人怎么做，然后模仿你们的做法；或者是刚转到另一个学校的学生，课间休息时就会感觉很不安，于是他就可能观察其他的同学都在干什么，如果发现大家都出去进行体育活动，想要迅速融入这个集体的人也会克服自己的紧张走出教室，做出活动姿势，并在心里期待其他的学生能够邀请他加入。

2. 模仿获取认同

模仿就是人类的一种社交工具，它能够帮助我们的祖先成功地融入群居生活之中。不仅如此，模仿还是最为原始的学习方法之一。理解模仿行为的含义是肢体语言学习中最为重要的课程之一，因为这是其他人向我们传达首肯或好感的最显而易见的方式。同样，我们也可以通过模仿其他人的肢体语言，直接而便捷地让他们感受到我们的善意。

一个高明的推销员曾经对同行们这样说，当客户开始模仿你的动作的时候，就是他们认可你，认可你产品的前奏，这时，你不妨假装不经意地模仿客户的动作。从而彼此的认同感就会增加，最终客户将接受你向他们推销的产品。模仿为什么会获得认同感，一个很可能的原因就是，人都有自恋的情绪。模仿在这里被视为一种恭维的暗示，被恭维的人就很容易解除防线，接受外人的建议。

3. 被模仿者才是主导者

有模仿行为，必然存在着被模仿的原始行为。虽然两者都有着相似的表象，但内部体现出来的权力差别却是很大的。模仿也可以看做是一种学习行为，对方在学习你的一举一动，而促使他这样做的原因是他对你的尊敬或者喜爱，他认为你身上有比他更有优势的地方。所以，优势地位是在被模仿者这一边的。

小王想找老李借钱，于是他来到了老李家。他没有首先就表明来意，而是跟他们聊天。然后小王发现，老李很爱模仿妻子的动作。当妻子叹气时，老李也紧接着叹气；当妻子喝茶时，老李也端起了杯子。于是小王把主要对象确定在了李太太身上，向她表明了借钱的愿望，阐述了一系列理由并作出按时还钱的保证。

小王很注意观察夫妻之中是谁在模仿谁，因为这可以揭示出谁家庭权力更大或者能够作出最终决定的人到底是丈夫还是妻子。如果妻子首先做出某些动作，不管这些动作有多么细微，如交叉双腿、手指交缠或是做出思考的姿势，只要这个男人跟着模仿，那么你就可以确定让这个男人作出决定是毫无意义的——因为他根本就没有作决定的权力。

4. 模仿改善关系

模仿也可以影响其他人对你形成的印象。如果一位老板期望与一个拘谨紧张的员工建立亲善关系，并且营造出轻松的谈话氛围，那么他可以通过模仿这个员工的肢体语言来达到这个目的，对方就会觉得他很平易近人。

不过需要说明的是，能在双方间产生亲和感的模仿动作都应该是没有攻击性的，也不应该是炫耀意味过浓的姿势，否则将会引起不快和反感。

表情，让他的心底一览无余

狄德罗曾说："一个人，他心灵的每一个活动都表现在他的脸上，刻画得非常清晰和明显。"这句话提示了人类表情的重要性。因为现实中，语言的表达远不及人们的表情丰富和深刻。

作家托尔斯泰曾经描写过 85 种不同的眼神和 97 种不同的笑容。可以说，人类的面部是最富表现力的部位，它能表达复杂的多种信息，如愉快、冷漠、惊奇、诱惑、恐惧、愤怒、悲伤、厌恶、轻蔑、迷惑不解、刚毅果断等。而面部表情也能传播比其他媒介更准确的情感信息。因此，表情能够清晰、直接地表达人们的内心想法。仔细观察一个人的表情，我们就可以获悉他的心理活动。

根据专家评估，人的表情非常丰富，大约有 25 万种。所以，表情能全方位地表现人们的心情不足为奇。问题是，面对如此丰富的表情，要去辨别该从何着手？

1. 表情变化的时间

观察表情变化时间的长短是一种辨别情绪的方法。每个表情都有起始时间，即表情开始时所花的时间；表情停顿的时间和消失时间，即表情消失时所花的时间。通常，表情的起始时间和消失时间难以找到固定的标准，例如，一个惊讶的表情如果是真的，那么它完成的时间可能不到 1 秒钟。所以，判断一个表情持续的时间更容易一些。因为通常的自然表情，并不会那么短暂，有的甚至能持续 4～5 秒钟。不过，停顿的时间过长，表情就可能是假的。除了那些表达感情极其强烈的表情，一般超过了 10 秒钟的表情，就不一定是真实表现了，因为人类脸上的面部神经非常发达，即使是非常激动的情绪，也难以维持很久。于是，要判断一个人的情绪真假，从细微的表情中也能发现痕迹，只是需要人们不断地进行细微的观察。

2. 变化的面部颜色

通常，人的面部颜色会随着内心的转变而变化，这样，表情就有不同的意义了。因为面部的肤色变化是由自主神经系统造成的，是难以控制和掩饰的。在生活中，面部颜色变化常见的是变红或者变白。通常来说，人在说话的时候，如果脸色变红，往往是他们遇到了令他们羞愧、害羞、尴尬的事；有的时候，人在极端愤怒的时候，面颊的颜色会在瞬间变为通红；而人在痛苦、压抑、惊骇、恐惧等情形下，面色会发白。

　　总之，人的表情变化往往是反映他内心世界的晴雨表。因此，我们可以顺着这条线索去探寻别人内心的秘密。

第二章

笑容背后寓意深，通过
笑容和笑姿识人个性

微笑可传达信息

微笑着注视对方的人更能给人留下好印象。英国研究人员发现，人们通常会认为那些微笑着注视自己的人更具有魅力。

在生活中，想必大家都会意识到人与人之间目光接触的重要性。当你慌乱时，一个肯定的目光会让你感到心安；当你迷茫时，一个关注的目光会让你感到坚定……目光相交的那一瞬可以产生很多的效果。即使是陌生人的微笑，也有可能让你的一天顿时变得灿烂起来，让你觉得不再孤独。

微笑往往意味着接纳、关注和肯定，别人的目光会增加我们的存在感，让我们觉得自己是被某个人、某个群体所接纳的，而不是被排除在外。

心理学家要求志愿者评价呈现在电脑屏幕上的两张人脸图片哪个更有魅力。为了消除人脸的物理特征对偏好的影响，每次呈现的两张图片都是同一个人的照片，只是面部表情或者眼睛的注视方向不同。实验结果发现，志愿者认为那些微笑的脸更有魅力，并且那些注视着志愿者尤其是异性志愿者的脸比注视着其他方向的脸具有更高的"魅力指数"。这说明人们很注重她（他）的眼睛注视的方向，伴随着微笑而注视对方，是融洽的会意；伴随着皱眉而注视他人，是担忧和不安。

女性更喜欢微笑可能是天生的。研究发现，人在群居生活时欢笑的次数是独处时的30倍。同时，他还发现，与各种笑话以及有趣的故事相比，和他人建立友好的关系这一目的与笑声的联系似乎更加紧密。在引发我们大笑的各种原因当中，只有15％来自于笑话。

人们用嘴角上扬的表情来表达心中的快乐之情，与此相反，当人们不开心的时候，他们就会表现出一种嘴角下垂的不高兴的表情，也就是我们常说的撇嘴。只要感到不开心、沮丧、绝望、愤怒或紧张，人们的脸上就会浮现出这样的撇嘴表情。然而，如果一个人总是把这种负面、消极的表情写在脸上，久而久之，他的嘴角就会永远保持一种下垂的状态，看起来总是一副没精打采的沮丧样子。

波士顿大学的马文·海切特和玛丽安·拉·弗朗斯进行了一项研究。其结果显示，在面对主管和上级时，无论是在气氛友好的前提下，还是在不友好的紧张气氛当中，下级人员都会面带微笑；而主管和上级人员在下级面前，只会在气氛友好的前提下才会露出微笑。

这项研究还表明，无论是在社交还是在职场交往中，女性微笑的频率远高于男性，而这也就在无形中使微笑的女性在面对不苟言笑的男性时居于弱势或下属的地位。有的人认为，正是因为女性笑得更多，所以长久以来她们才会一直被置于男性之下的从属地位。不过，有研究显示，早在出生 8 周之时，女婴笑的次数就远远多于男婴。研究显示，将出生 8 周的男婴和女婴作比较，女婴比男婴笑的次数更多，长大后，我们会发现，在日常生活和工作交往中，女性微笑的频率也远远高于男性。有人认为，这是一个男权社会，女性笑得多表示她们对男性权威的顺从。但是，当尚处在婴儿时期时，女婴比男婴微笑的频率就高，这似乎无法解释女性顺从于男权社会的自我意识。更合理的解释可能应当从人类进化来说，因为女性天生就扮演着哺育者和安抚者的角色，而微笑正好与这一角色的特性、功能吻合。所以，微笑这一特征很可能是天生的，而非后天培养所致。

美国加州大学的社会心理学家南希博士做了一个实验，他让两百多名实验者看了一些表情各异的男性和女性的照片，之后让他们对这些表情和人物魅力进行评判。

结果发现，没有面带微笑的女性大都被认为是心情不高兴，而男性表情严肃、面无微笑却被认为是比较有权威感。由此可见，女性生来就笑得更多，而且人们潜意识里要求她们笑得更多。要想和别人的交往有积极的效果，使自己更具魅力，女性应当笑得更多。

微笑是人与人沟通的最佳途径。

　　玛丽大学毕业后去参加一家航空公司的招聘，与其他竞争者相比，她并没有什么明显的优势。可出乎意料的是，她最后竟然被录取了，这其中的奥妙究竟是什么呢？那就是因为玛丽的脸上总带着微笑。在面试的时候，有一件事令玛丽困惑不已。主考官在讲话的时候经常故意把身体转过去背对着她。事后玛丽才知道，原来这位主考官不是不懂礼貌，而是在体会玛丽的微笑，因为玛丽应聘的职位是电话语音服务，是有关预约、取消、更换或确定飞机航行班次的服务。那位主试者微笑着对玛丽说："小姐，你被录取了，你最大的资本就是你的微笑，你要在将来的工作中充分运用它，让每一位顾客都能从电话中体会你的微笑。"虽然可能没有太多的人会看见她的微笑，但他们通过电话，可以感知到电话线另一端玛丽的微笑。

　　一家著名公司的高管曾说道："我宁愿雇用一个低学历但却有愉快笑容的女孩子，也不愿雇用一个郁郁寡欢的高学历者。因为微笑是员工的基本要求，也是公司最有效的商标，比任何广告都有力，只有真诚的微笑才能深入人心。"

　　在现实生活中，没有谁会无缘无故地拒绝别人的笑脸，微笑在人际交往中具有不可替代的神奇魔力。特别是在服务行业中，微笑是最好的财富，微笑是最简单、最省钱、最可行，也是最容易做到的服务。微笑服务是服务态度中最基本的标准，是把握服务热情度最好的外在表现形式，微笑给人一种亲切、和蔼、礼貌的感觉，加上适当的敬语会使客户感到宽慰，微笑也是尊重客户的一种极好的方法。

微笑还是一种顺从的信号。一项新的对人类的近亲黑猩猩所展开的研究显示，黑猩猩的微笑功能不仅仅限于表达幸福、开心的心情，它还传达了表示顺从的信号。

研究发现，黑猩猩的笑容一般有两种：一种是较为温和的笑容，它们常常将下颌张开，露出牙齿，而嘴角很自然地往后拉伸，照这几个动作来做，我们就会发现这其实正是人类的微笑表情。这是黑猩猩见到头领时经常会做的一个表情，这种笑容按动作的情境来看，表示的正是黑猩猩对自己的统治者的敬畏和恭顺之意。试想在日常工作环境中，当我们见到自己的领导时，对着领导微笑所表示的是不是也有着尊敬和顺从的意味呢？其中的道理是相通的。对领导表示出顺从意思，有助于获得更好的工作关系。黑猩猩还有另外一种笑容——"调皮嬉闹的表情"。它们会把牙齿外露，嘴角和眼角都往上提升，表情比温和的笑容挂在脸上时的动作幅度要大得多。

社交场上还有一种广泛流传的"不＋微笑"策略。所谓"不＋微笑"策略，就是面带微笑地拒绝对方。这个策略经常被女士们用到，而且是屡试不爽。为什么这个策略如此简单却又这么成功呢？因为这是一组相互矛盾的信号，微笑代表着高兴，而"不"又是明确的拒绝。这两个自相矛盾的信号同时出现时，会使对方陷入茫然失措的境地。当你想拒绝对方的请求又不希望因此破坏了双方的关系，不妨使用这个"不＋微笑"的策略。

通过笑声大小看人

笑对普通人来说，往往是欢快轻松的，但对心理学家而言却是一件严肃的事情，因为笑能透露人的性格。笑虽只有声音的差异，却是最能够表达沟通意图的"语言"。一个人的笑声可以反映出一个人的性格特征。美国有一位心理学家经过多年的调查研究，把人类的笑声分出几个类型，并分析各种类型的心理出发点：

1. 哼哼地笑

这是从鼻子里哼出来的，因为一个人要忍住笑，最后只好通过鼻子来"笑"。他们明明想笑却又倾向忍住不笑，显示为人怕羞，不想被他人注意，这样的人同时也是谦虚体贴的，喜欢按部就班地做事。因为平时很重视身边的人的感觉，所以身边的人也会喜欢他们的细心。

2. 呵呵地笑

这是深深地从肚子里发出来的笑，显示这个人并不是自卑保守的，性格开朗，喜欢冒险，善于抓住机会。此类型的人比较内向，容易害羞。但心思缜密，做事不会透露内心想法。常常看到别人看不到的事情的有趣一面。因为很会掩饰内心，往往可以委以重任。很多人在没有信心或心情不愉快的时候，会用"呵呵呵"的笑声来掩饰内心的反感。有这种笑声的人一般是比较温和的人，不会给人带来太多的压迫感。另外，人们在心浮气躁或者身体疲倦的时候，也会发出这样的笑声。

— 29 —

3. 笑起来发出"哧哧"声音

发出"哧"的笑，这是一个乐天派的人，对生命的展望充满活力，对未来也充满了美好的想象。他们的创造力和想象力都很强，偶尔还会做出惊人的举动，却不会让人产生反感的情绪。同时他们还极富幽默感，一旦树立目标，会朝着目标奋勇前进。这样的人大多是爱好欢乐，喜欢看到好笑的事物被放大夸张。

4. 嘿嘿冷笑

如果一个人总是冷笑，就说明这个人属于阴险狡诈的类型。与这样的人交往尤其是做生意，很难取得让人满意的结果。而另外一种喜欢冷笑的人则是那种玩世不恭的类型，他们自以为看透了人生百态，就不再有所追求，于是就游戏人生，过着"今朝有酒今朝醉"的生活。

5. 哈哈大笑

在高兴的时候会发出"哈哈"的笑声，这大多是所谓的豪爽型的人，因为一般人很难发出这样的笑声，而且这也说明这个人身体状况极佳，才能有这样的笑声。这是一种高声的笑，即便在嘈杂的环境之中也能听到。这么笑的人说明他不压抑自己，是那种天生的聚会上的灵魂人物，他们喜欢讲笑话，当面临一个问题时，他们往往智勇双全地解决困难。同时，他们做事公平，不会嫌贫爱富，也不会欺软怕硬。当别人做错事，他们不会斤斤计较。他们的幽默感会在不经意间给周围的人带来欢乐。此外，他们还有着出众的同情心，并且不会因别人取得的成绩而嫉妒。因为这样的性格，他们往往是人群中最受人喜欢的类型。同时，这种笑声带有威慑感，会震慑他人，容易使人心生警戒。

6. 放声狂笑

有的人平时很少笑，但一旦笑起来却是一发不可收拾。别看这样的人经常在陌生人面前表现木讷，看起来不易接触。实际上此类人是冰与火的结合体，对生人冷淡，对熟人热情奔放。熟悉他们的人都知道此类人至情至性，讲义气，重感情，甚至不惜为朋友两肋插刀。因此他们的人缘是比较好的。

7. 笑声柔和

这样的人待人随和，遇事冷静。他们性格沉着而稳重，比较明事理，也善于说理，能够很好地化解矛盾和纠纷。一般能够站在对方的立场为他人考虑，在大是大非面前能够保持头脑的清醒和冷静。因此人际关系处理得比较好，而且还善于化解矛盾和纠纷。

8. 笑声让人不舒服

这种人的性情不仅冷淡，而且比较现实和实际，自己不会轻易为身边的人有所付出。他们察言观色的能力比较突出，思维比较缜密，能观察到他人心里在想些什么，然后投其所好，待机行事。

9. 笑声尖锐刺耳

这种人生活态度乐观向上，为人比较忠诚和可靠。他们的感情比较细腻和丰富，有着良好的人际关系。这样的人具有一定的冒险精神，精力充沛，喜欢旅行。

10. 经常发出不同笑声

这样的人根据不同的场合而发出不同的笑声，他们大多是比较现实的，做事思维敏捷，适应环境的能力比较强。

11. 只是微笑但并不发出声音

多数是内向而且感性的人，他们的性情比较温柔、亲切，能够给人一种很舒服的感觉，属于比较好相处的人。但是他们也比较情绪化，容易受到他人情绪的感染或者被他人打扰。

通过笑容和笑姿看人

笑容的力量是无穷的，一个能时时展现出迷人笑容的人自然也拥有无穷的魅力。达·芬奇的传世名画《蒙娜丽莎》之所以让人难以忘记，原因之一就是画面人物那神秘的微笑。那永恒的微笑使人看上去心情舒畅，顺理成章地令人对她产生好感。笑的本质应该是愉快的情绪表现，但有些时候，痛苦到极点或感觉无可奈何的人也会用大笑来发泄闷气。可以说，笑是最常见的表情，也是含义最复杂的身体语言。

1. 普通的笑

这类笑容很平常，不特别，不会太大声，显示这个人喜欢群众。这样的人往往努力工作但不争功。他们做事很有耐性，善始善终，心地善良而又可靠，是非常值得交往的朋友。

2. 附和别人的笑

笑时慌张并戛然而止，看看别人继续笑便也跟着笑。这是自卑感的表现，说明缺乏自信，笑也怕笑得不对。他们的性格一般都乐观开朗，但做事没有主见，容易人云亦云、随波逐流。这样的人应改变一下自己的观念，用不着太担心别人对自己的看法，每个人都有笑的权利，即使别人不笑，也一样可以笑。

3. 偷偷地笑

经常偷偷微笑的人，大多数是内向型，他们比较保守，不愿意在众人面前夸张地表现自己，多数时候显得腼腆。在工作中他们心思缜密，考虑问题十分的周全，面对各种情况都能冷静地作出判断。在交际中，他们并不喜欢轻易地将自己的内心展示给别人，而且由于他们强大的个人能力，他们对朋友的要求很高。不过一旦与他们成为朋友，他们就会与你肝胆相照。

4. 轻蔑地笑

笑时鼻子向天，神情轻蔑，往往是人人在笑他也不笑，或只是逢场作戏似的干笑几声。这样的人看不起身边的每一个人，表面上是自视甚高，这其实是自卑感在作怪，要把他人

掩口而笑的人比较自卑

压低而抬高自己，他们几乎没有交心的朋友。

5. 掩口而笑

这个动作也是源于人内心的自卑感，不过也有其他的可能，就是一个人认为自己牙齿不好看或自知口臭。如果没有这些毛病，就是发自内心的自卑，就与紧张的笑相同。

6. 笑不出声

这样的人只是微笑，一般不会发出声音。他们大多内向感性，性格忧郁低沉，容易受到外界的感染，做事情绪化的倾向比较明显，有浪漫主义色彩。但他们待人亲切温柔，给人以舒服的感觉。

7. 笑中带泪

这看上去似乎是两个矛盾的表情。当一个人笑得很剧烈，以至于笑出眼泪时，说明此人具有真性情并有善心，他们在生活中通常是乐观向上并且胸无城府，他们会在自己力所能及的范围内给予别人最大的帮助并不求回报。

8. 笑不可支

这样的人大多性格开朗、乐善好施。他们总是把喜怒哀乐挂在脸上，为人直爽，做起事来不拘小节、大大咧咧，因此从来不乏朋友。

9. 肆无忌惮的笑

平时看起来沉默少语，笑起来却一发而不可收的人是最适合做朋友的。他们通常十分看重友情，在陌生人面前比较沉默，显得不够热情、不够亲切，但一旦真正与人交往，成为朋友，他们就会以真诚相待，而且活泼热情。基于这一点，很多人都乐于与这样的人相处，他们自己本身也能够营造出比较和谐的社会人际关系。

10. 笑起来断断续续，听起来很不舒服

这样的人性情大多是比较冷淡而漠然的。但是他们的观察力相当敏锐，能准确地观察到他人心里的真实想法，然后投其所好，择机行事。

11. 捧腹大笑

他们大多心胸开阔，当别人获得成功的时候，他们会真心祝愿，

捧腹大笑的人直率而真诚

很少产生嫉妒的心理。这样的人性格多是直率而且很真诚的。他们往往能够直言不讳地指出朋友的缺点，也会在自己的能力范围之内，对他人的需要给予帮助。他们是不折不扣的行动主义者，一旦想起了要做的事情，或者决定要做某件事情，就会马上付诸行动，非常果断迅速，绝不拖泥带水。在别人犯了错以后，他们会指出来，但是也会给予最大限度的宽容和谅解。他们比较有幽默感，总是能够让周围人感受到他们所带来的快乐，因此他们身边总是围绕着很多的朋友。

12. 龇着牙笑

这种人一般没有真情实感。龇着牙笑是一种很典型的假笑，这样笑的时候，一般是没有表现出自己的真情实感的。

如果一个人说着"别为此担心"或者"没什么大不了的"这样的话语时，却流露出这种面部表情，那就表明其实他们真正的想法正好相反。

FBI 接到了一个报案，说美国一个知名的投资银行在短短一周内丢失了近 200 万美元的资产。这个投资银行的行长在仔细地查看了银行间的业务往来之后没有发现任何异常，可是账面上确实少了 200 万美元。

FBI 对该行的业务交易清单进行了调查，也没有发现任何异常问题，于是，他们怀疑是银行的业务数据遭到了篡改。FBI 很快就把负责该行所有管理资产的人都找了出来并一一进行讯问，却一直没有丝毫突破，没有找到任何线索。

正当 FBI 感到一筹莫展的时候，投资银行的行长提供了一条信息：在资金失窃之前，他们曾经让一名银行数据库工程师对该行的数据系统进行了升级和维护。于是 FBI 很快就找到了这名工程师，经过审问之后，FBI 发现这名工程师有许多疑点，而且也具有作案动机和作案条件，但是这名工程师却一口否认，而且并不多说一句话。就在 FBI 打算如果再找不到证据，在 3 个小时之后就会将他释放时，这名工程师露出了一丝微笑，带有了明显的轻视意味。于是 FBI 立马针对这名工程师进行了更深层次的讯问。他们还请来了一名犯罪心理学专家，就在专家到来的时候，这名工程师又龇牙笑了一下，于是 FBI 断定，这名工程师肯定有问题。最终在犯罪心理学家的协助下，FBI 攻破了这名工程师的心理防线，侦破了案件。

识别真笑和假笑

　　笑是人们日常生活中用得最多的表情之一。在社交场合，微笑是最好的"润滑剂"。美国精神病学专家威廉·弗莱因博士强调：生活里不能没有笑声，没有笑，人们就容易患病，并且容易患重病。可是，有的笑发自内心，有些笑却是伪装出来的。英国一名心理学家发现，真笑和假笑不仅可以凭借面部表情判断出来，还可以通过面部表情分析人们的内心世界。但是，形形色色的笑容并不都是发自内心的。日常生活中，你有没有遇到过这样的囧事，明明做了令对方反感的事，人家不好意思直接说，"友好"地笑笑，我们还以为对方是真心地高兴，结果就好心办了错事。生活中，真笑和假笑有时确实很难辨别，但是假的真不了，虚假的笑容到底有哪些破绽呢？该如何区分真假笑容呢？

　　科学家很早就开始研究真笑与假笑的区别了。早在1862年，法国解剖学家杜彻尼·博洛尼便在其著作《人体生理机制》一书中提到这个问题。说起来有些恐怖，杜彻尼使用的实验品大多源自断头台。他使用"电生理和放大的技术"，对头颅每一部分的肌肉的细小变化和其带来的面部褶皱进行分析。他发现欢乐的情绪表达在颧骨肌肉和眼轮匝肌上，前者可以被有意识地控制，后者却只能为真实的快乐驱使。眼周的肌肉是情绪的真实传达者，不受我们的控制，虚假的笑容是无法引起眼轮匝肌收缩的。于是，这种让面部颧骨肌肉和眼周肌肉发生变化的"真笑",被命名为"杜彻尼微笑"。

不少科学家都想努力证明"杜彻尼微笑"的真实性,证明情绪真的能控制面部肌肉。有科学家通过实验发现,当人们观看喜剧时,颧骨肌肉和眼轮匝肌就会收缩,也就是出现了"杜彻尼微笑"。并且,积极情绪也和"杜彻尼微笑"的频率密切相关。难道欢乐的情绪真的能够控制面部肌肉?

对此,美国加州大学心理学家保罗·埃克曼教授和肯塔基州大学的华莱士·法尔森教授进行了多年的研究。最终,他们设计出一整套识别人类面部表情的编码系统,能够成功破解人们的真实表情,其中就包括真笑和假笑。他们的研究成果被编剧们搬入热播美剧《别对我说谎》,受到观众的追捧。埃克曼教授也在2009年5月列入美国《时代》周刊"全球最有影响力100人"名单。

他们通过大量临床实验得出结论:喜悦产生的真笑与故意收缩面部肌肉引起的假笑是不一样的。

真笑时嘴角上翘、眼睛眯起。此时,面部主管笑容的颧骨主肌和环绕眼睛的眼轮匝肌同时收缩。因为真心流露的笑容是自发产生的,不受意识支配,因此,除了反射性地翘起嘴角之外,大脑负责处理情感的中枢还会自动指挥眼轮匝肌缩紧,使得眼睛变小,眼角产生皱纹,眉毛微微倾斜。

假笑时只有嘴角上提。伪装的笑容是通过有意识地收缩脸部肌肉、咧开嘴、抬高嘴角产生。与真笑不同,此时眼轮匝肌不会收缩，因为眼部肌肉不受人的意识支配，只有真的有感而发时才会发生变化。有些人假笑时动作很夸张，面部肌肉强烈收缩，整个脸挤成一团，给人造成眼睛眯起来的假象。但注意，假笑时眼角的皱纹和倾斜的眉毛是没有办法伪装的。也就是说，如果遮住一个人面部的其他部位，只露出眉毛和眼睛，若是真笑，依旧能看出来对方在微笑；若是假笑，则只能看到一双毫无表情的眼睛。

儿童书籍插画家莫·威廉姆斯根据自己多年的绘画经验得出结论，如果插画人物的嘴在笑，可是眼睛却不开心，那整张脸都是忧郁悲伤的。

因此，要想辨别对方是真笑还是假笑，眼睛和眉毛是最重要的线索。

真诚的笑容能让周围的人都感受到幸福，但是，如何练就出分辨真笑

虚伪的笑容难逃法眼

假笑的"火眼金睛"呢？美国麻省理工学院的毕业生研发了一款新软件，利用这款软件就能判断出被测试者发出的笑容究竟是不是真诚的。

研究人员让被测试者进行两组不同的面部表情测试。首先让他们看一组可爱婴儿的视频，让他们条件反射地在电脑摄像头前表现出真实高兴的笑容。然后，他们又要求参与者在电脑上填写一大篇有关自己的资料，在点击"提交"键后，参与者发现所填写的资料全被删除，此时 90% 的参与者都不由自主地露出了沮丧的笑容。

通过两组摄像头记录的图像，研究者提取相关数据，将心理学与计算机识别结合起来，有效地区分被测试者的表情，划定真实笑容的数值范围，据说准确率高达 92%。实验得出了一个规律，真实的笑容通常来得要慢一些，甚至有反复的情况发生；而沮丧的笑容通常来得快，消失得也快；此外，虽然外表看起来差不多的笑容，假笑和真笑在肌肉的表现上也不同。

其实，假笑可不是成年人的"专利"，美国马里兰大学的研究表明，10 个月的婴儿也会"皮笑肉不笑"。当婴儿看到陌生人走近时，会露出没有情绪的假笑；只有母亲靠近时才会真心地微笑。

无独有偶，据英国的《泰晤士报》和《每日电讯报》报道，赫特福德大学的心理学家理查德·怀斯曼教授实施了一项测试分辨微笑真伪能力的实验。

怀斯曼教授对英国政坛的风云人物的笑容进行了分析。每逢举行内阁会议，大臣们就会与记者打个照面，这个时候，他们大多在镜头前摆好姿势，露出笑容，让记者们拍个痛快。但怀斯曼教授通过照片和视频发现，在内阁大臣中有许多的笑并非发自内心。前财政大臣戈登·布朗的面部表情"相对稳定，没有显露出任何情感变化的痕迹，即使他内心活动非常激烈。他嘴唇紧紧闭在一起，眼帘下垂，从正面讲，这给人以一种可以信赖和可以控制局势的印象，从负面角度讲，这可以被看做相当冷酷以及没有同情心"。

怀斯曼教授还表示，英国前贸工大臣帕特丽夏·休伊特和前文化大臣特莎·乔维尔表面上看起来比较真诚，但两人都未表露出真实的微笑，休伊特那种吃惊的表情最为典型。嘴微微垂下张开，而不是向两侧撇开，就如同发自内心的微笑一样，眉毛上挑，距离眼睛很远，而两个眼睛也张得大大的。人们有时把这种表情与微笑混淆，但事实上这完全是两码事。

怀斯曼教授还说："乔维尔的微笑一看就知道是装出来的，但她表现得相当老练和职业，如果不仔细看，你还真不容易分辨出来。她的嘴向两侧撇开，试图制造一种咧开嘴笑的效果，而且她的眼睛周围还有真笑时那种皱纹。但是，她的眉毛向下垂，使鼻尖周围有褶皱。这种褶皱更可能是假笑而不是真笑产生的效果，而整张照片看上去都是在故作姿态。除非你了解这种假象，否则这肯定会给人留下好感。"

最真实的笑容来自前教育大臣鲁思·凯利。怀斯曼教授说："这可能是真笑的最佳例子，我估计她可能发现了真正滑稽或愉快的事情，否则不会笑得这么自然。嘴唇张开，更为重要的是，眼睛也明显释放出微笑的痕迹。把嘴捂起来，只看双眼，它们看上去积极而又高兴，因为眼睛周围的肌肉紧绷，眼睛和眉毛之间的皮肤向下垂，眼角周围也显露出褶皱。"

日本的心理学家用特制的仪器来测量人类的笑容，还为它制定了一个专门的单位"ah"。科学家经过测量发现，不同的人笑起来释放的 ah 值不尽相同，儿童笑值每秒

10ah，是成人的 2 倍。因为成年人在笑前要衡量这一举动是否合适，所以笑得就不那么自在，ah 值也随之偏低。不仅如此，他们还在试验者胃部的皮肤安置感应器，尤其是在人体分隔胸腔和腹腔并起呼吸作用的横膈膜上表皮肤安置感应器，以测量肌肉的运动。因为大脑检测到的信号会通过横膈膜的运动得到直接释放。因此，通过检测人体横膈膜和其他部位的运动，研究人员能知晓一个人的笑究竟是发自内心还是虚情假意。

当然，生活中有些假笑在所难免。例如在照相时，人们总是大叫"茄子"，说这个词时，会做出笑的表情。有时，我们把下颌张得很开，露出更多的牙齿，看起来笑得更开怀。虽然最初是"为笑而笑"，但在笑的过程中我们有时真的变愉快了。

其实，现实生活中，无论真笑假笑，只要投入去笑，都对身心有益。因为开心地"真笑"时，大脑的愉快中枢会兴奋；而努力"假笑"时，这个动作也会刺激大脑中与愉快感觉有关的相关区域。所以，当感到失落、郁闷、难过的时候，不妨对着镜子，咧嘴提起嘴角，同时下拉眉毛，眯起眼睛，尽量做出一个真笑的动作，试着感受笑容带给你的放松与宽心。

不同程度的笑

笑容，即人们在笑的时候所呈现出的面部表情，它通常表现为脸上露出喜悦的表情，有时还会伴以口中所发出的欢喜的声音。

从广义上讲，笑容是一种令人感觉愉快的、既悦己又悦人的发挥正面作用的表情。它是人际交往的一种轻松剂和润滑剂。利用笑容，人与人之间可以缩短彼此之间的心理距离，打破交际障碍，为深入的沟通与交往创造和谐、温馨的良好氛围。古人曾经有言："笑一笑，十年少"，说明适时的笑，还可以健身养性。

在日常生活之中，笑的种类很多。它们绝大多数都富于善意，但也有极少数失礼、失仪。出于实际需要方面的考虑，在此先讨论的合乎礼仪的笑容的种类。这一类笑容分别是：

含笑，是一种程度最浅的笑，它不出声、不露齿，仅是面含笑意，意在表示接受对方，待人友善。其适用范围较为广泛。此类人对待别人彬彬有礼，做事含蓄低调，但不轻易向人敞开心扉。

微笑，是一种程度较含笑为深的笑。它的特点，是面部已有明显变化：唇部向上移动，略呈弧形，嘴两端稍下垂，但牙齿不会外露。它是一种典型的自得其乐、充实满足、知心会意、表示友好的笑。在人际交往中，其适应范围最广。这类人性格内向，不善言语，与人交流存在一定的困难，但注意细节，喜欢对对方言语进行分析，唯一不足就是做事时常半途而废，也因此难达愿望。但他们在手工艺、缝纫等技能方面很拿手，外语亦佳。

轻笑，在笑的程度上较微笑为深。它的主要特点是面容进一步有所变化：嘴巴微微张开一些，形状平坦，上齿显露

在外，不过仍然不发出声响。它表示欣喜、愉快，多用于会
见亲友、向熟人打招呼，或是遇上喜庆之事的时候。

浅笑，是轻笑的一种特殊情况。与轻笑稍有不同的是，
浅笑表现为笑时抿嘴，下唇大多被含于牙齿之中且嘴角向上
翘。中国传统文化中，美女是"笑不露齿"的，因此浅笑多
见于年轻女性表示害羞之时，通常俗称为抿嘴而笑。

眯眼笑，笑时嘴两端向下，几乎不开口。这类人的性格
倔强固执，对周围人不够坦诚，有时明知其事但假装不知而
不予人语，也往往因为这个而吃亏。性情还算和气，一旦心
情不好即大发脾气。他们多才多艺，有理想、抱负，但不愿
与人合作行事，因此也就很难成功。

咧嘴笑，幅度比浅笑要深，嘴边大幅张开，露出上下牙
齿。这是社交场合常见的笑容，往往显得礼貌热情。在北京
奥运会上，负责人认为礼仪小姐脸上"笑不露齿"的中国式
笑容显得过于含蓄，不太符合西方友人的审美观念。为了适
应这个全球性的盛会，就要求礼仪小姐们要露出前面完美的
8颗牙齿。

大笑，是一种在笑的程度上又较轻笑为深的笑。其特点
是：面容变化十分明显；嘴巴大张，两端成平，呈现为弧
形嘴，上齿下齿都暴露在外，并且张开。因为口中发出
"哈哈"的笑声，所以有"哈哈大笑"一词。但肢体动作不
多。它多见于欣逢开心时刻，尽情欢乐，或是高兴万分。
这类人的性格豪爽粗犷，不拘小节，行为大方。但缺乏一
定的耐心，一遇到困难，就知难而退，容易让人产生做事

虎头蛇尾的误解。这种人可能会在经商方面有所建树。另外，大笑中有时候会蕴含着压迫感，从而起到震慑他人的作用，因此是一种经常出现在领导身上的笑。开怀大笑的人，大多心胸开阔、真诚坦率。他们富有爱心和同情心，愿意尽可能地帮助别人，在生活上为人正直，不会妒忌他人，也十分幽默，与周围人相处十分的融洽。在工作上也从不拖拉，处事果断麻利。但他们其实并不坚强，有时内心十分的脆弱，容易受到伤害。

狂笑，是一种在程度上最高、最深的笑。它的特点是：面容变化甚大，嘴巴张开，嘴两端猛向上方翘，牙齿全部露出，上下齿分开，笑声连续不断，肢体动作很大，往往笑得前仰后合、手舞足蹈、泪水直流、上气不接下气。它出现在极度快乐、纵情大笑之时，一般不大多见。这类人精于社交、性情温和，能让对方感到亲切，具有冒险精神和积极的作风，乐于助人。最适合做秘书工作，善于处理繁杂事务，越繁杂反而越觉得有趣。

笑得全身乱晃的人，一般都比较单纯和真诚。这种人十分的招人喜欢，他们大多十分善良，不会为了利益出卖朋友。一旦朋友有难，就会尽自己最大努力去帮助。对待朋友的缺点，他们也会好言相劝，绝不会视而不见。所有的付出都会有所回报，他的人际关系也因此十分的出色，在他们陷入困难的时候，经常会有人出手相助。

笑出眼泪的人，他们通常感情十分的丰富，对于各种情绪都十分的敏感。笑起来不着边际，哭起来也同样惊天动地。

他们内心坦荡，生活态度十分的积极乐观，有爱心也有进取心。帮助别人的时候，可以牺牲自我，并且不求回报。

不怀好意的笑

除了礼貌性的笑，还有一些失礼或病态的笑容。它们分别是：

1. 鼻笑

就是把笑声从鼻子里发出来。这通常是讥嘲或鄙视的表情。当人们在公共场合看到可笑的人或物，因为场合限制想笑而又不能笑时，只好强行忍住，把笑从鼻子里面发出。除此以外，这种笑容经常出现在性格内向的人身上。因为当他们担心自己的笑会引起其他人的注意时，通常会用鼻笑的方式来表达自己的感情。

2. 苦笑

常见于生活困苦的穷人或病人。他们明明心里难过，但表现出的是一张难看的笑脸，像是自嘲一样，自己嘲笑自己，想给别人安慰，就像自己不在乎导致苦笑的那件事。苦笑的人，通常脆弱而缺乏自信。这种笑包含了一种无可奈何而又十分复杂的情绪，很多时候算是一种自嘲。经常苦笑的人，让人感觉缺乏生气，貌似看透了世间的一切，有一股无力反抗而又身心俱疲的悲凉。他们是悲观主义者，缺乏自信，对待生活失去了本应有的热情，在怨天尤人中度日。

3. 冷笑

不是发自内心的笑，往往是对别人的观点表示不赞同和不屑时的表现。这是典型的不怀好意的笑容。冷笑的人，对他人有一种轻蔑和鄙视的态度。这种笑声出现，双方的交谈基本已经陷入僵局，气氛通常十分的尴尬。这种笑声带有攻击性，如果一个人经常冷笑，那么这个人大多十分骄傲自大，对待别人尖酸刻薄，很难获得别人的尊重与支持。

4. 傻笑

表现为特殊的憨里憨气的笑。多见于大脑发育不全和老年性痴呆等患者。有一位精神病专家指出："傻笑是精神分裂症的一个显著而具有特征性的症状。它是不能自制的，无需任何刺激就会在任何情况下出现，且不伴情绪特色。"所以，病人虽然经常乐呵呵的，但由于智能障碍的影响，面部表情却给人以呆傻的感觉。这种特殊的憨里憨气的笑，难以引起正常人的共鸣。傻笑的人通常十分幼稚，缺乏足够的社会经验。有的人往往遇见一些并不怎么好笑的事情就笑得前仰后合，并兴高采烈地给别人讲述，丝毫感觉不到对方毫无兴致。这种人大多涉世未深，心智很不成熟，非常容易落入别人的骗局。

5. 窃笑

顾名思义，就是偷偷地笑。当一个人看到别人遭到批评或身陷尴尬，身边的人又浑然不觉的时候，他往往会使用这种窃笑的方法。因此，窃笑又被称为"幸灾乐祸"的笑容。

6. 痴笑

见于精神分裂症病人。这类患者，由于大脑功能不全，笑时不分场合、地点、人员多寡，可以独自偷笑，亦可以是狂笑。对于青春型精神分裂症来说，痴笑是一项重要特征，仿佛有感染性，往往可以引起整个精神病病房在突然之间出现热闹的笑声。但是，这种情感并不稳定，有时可突然收敛笑容，表情严肃，有时又可变笑为涕，反复无常。

7. 怪笑

多见于面部神经麻痹、瘫痪的病人。由于神经支配作用减弱或丧失，造成患侧面部肌肉松弛，鼻唇沟变浅，笑时嘴角向健侧牵拉，口眼歪斜，表情怪异。

8. 假笑

多见于隐匿性忧郁症的病人。本来他们内心的感情是忧郁的，却常对人报以假笑。有经验的医生往往会注意到，这种病人仅仅是用嘴角在笑，眼睛毫无快乐的闪光。假笑的人，他们脸上在笑，但眼睛没有笑意，内心通常会是更负面的情绪。他们在笑的时候，通常音量很小，几乎无法让人听到。这种笑大多是一种孤独而冷漠的表达，在一群人欢天喜地时，如果一个人并不觉得这件事值得如此兴高采烈，那么在别人看他时，他就会用这种假笑来附和周围的人，以掩饰自己的紧张或不满。习惯假笑的人，通常观察力十分出众，他们知道别人在想什么，自己就不会陷于被动。

9. 强笑

就是强制性笑。它是一种无法克制的笑，多见于老年性弥漫性大脑动脉硬化和大脑变性等脑部器质性病变的患者。

10. 阴森的笑

眼睛睁得较大，嘴张开并且不对称。看起来很虚伪，但目光中明显地露出敌意。

11. 压抑的笑

眼睛轻轻皱起，眼角出现皱纹，嘴部的笑容明显受到抑制。

12. 神秘的笑

降低下颌，头偏向一侧，眼角上扬，嘴巴紧闭并撇向一方。有时候这个动作还有调情的意味。

13. 攻击性的笑

嘴唇向后咧，露出犬齿，有的人甚至可以露出臼齿，表情看起来像狼一样。另一种攻击性的笑则是放低下颚，只露出下面的牙齿。

14. 阵发性的笑

表现为阵发性不由自主的笑。这是由疾病引起的发笑，虽形态各异，但他们的共同特征是，笑的发生及情绪刺激不协调，成为情不自禁、无法控制的笑。正常人的笑是感情的反映，是完全能够控制的，而这种笑的情形正好相反。

15. 沾沾自喜的笑

下巴向上倾斜，紧闭嘴唇，这种笑容并不常见，但做出这种笑容的人往往因为自己身上一些过人之处而自视甚高。

16. 自以为是地笑

嘴巴咧向一边，紧闭双唇，一侧的眉毛向上挑起。做出这种笑容的人往往自我感觉良好，认为自己高高在上。因此当对方出现这种表情时，如果不是调情，就一定是瞧不起你。

开怀大笑

与微笑形成鲜明对比的就是大笑了。两者的最大区别就是眼睛和嘴。强烈的愉悦情绪一经产生，就会触发眼轮匝肌的剧烈收缩。在眼轮匝肌的强烈收缩作用下，笑容中眼睑最明显的变化是下眼睑会凸出、变短，向上提升并遮盖部分虹膜下缘。同时，由于上下眼睑的相互挤压，在眼角外侧出现鱼尾纹。由于脸颊的隆起和提升，脸颊和下眼睑之间形成笑容特有的纹路。特别细微的一个独特之处在于，大笑时眼睛的闭合更多是从下往上的，下眼睑绷紧并向上闭合为主导，上眼睑的下压动作非常小。这样的眼睑闭合形态特征只会出现在笑容中，在其他表情的眼睑闭合动作中，都是以上眼睑的动作为主导。正常的闭眼，上眼睑会垂下来，使眼睑线呈向下弯曲的弧线，而笑容中的眼睑线在眼球的正中间位置。

我们经常说，有些人生得一双笑眼，这就是因为这种特别的眼睑闭合形态，在某些面孔上会使眼睑的曲线翻转过来，呈轻微弧顶向上的曲线，因此只需要简单的两道向上拱起的弧线，就可以描绘出一双生动的笑眼。大笑也会配合剧烈的痉挛式呼吸，因此眼轮匝肌会自动收缩，以保护眼睛不受内压升高的伤害。这是一种反射动作，和咳嗽、打喷嚏、痛哭的生理机制相同。因此，笑的时候如果眼睛没有动作，就可以判定不是情绪引发的笑。仅仅将嘴角翘起，虽然能表达笑意，但那只是礼节上的需要。只要愿意，人可以在任何情绪状态下挤出微笑，但心情不好的时候，眯起眼睛来笑的难度比刻意哭的难度还要大。

　　笑的动作一开始，眼睛就开始闭合，而且眼睛闭合的程度与笑容的开心程度成正比。如果眼睛的闭合程度与笑的程度不匹配，我们通常判定为假笑。大笑的下半脸主导肌肉是颧大肌，强有力的收缩会将嘴角向两侧耳朵的方向拉伸，使上唇提升并拉长。可以肯定的是提口角肌、提上唇肌等其他与上唇相连的肌肉也会收缩，但这些动作并不能起到主导作用，而是在颧大肌的动作下引起的间接参与式动作。上嘴唇在这些肌肉的影响下，几乎提升到最高位置，将上齿全部露出，甚至还会露出部分上齿牙龈。牙齿的露出会增加笑容的感染力。

　　当然，就像我们在微笑中讨论过的，如果一个人在笑的时候只有嘴部动作而没有眼部的参与往往是在假笑一样，大笑时眼部肌肉也会有明显的变化。眼轮匝肌和颧大肌的单独收缩，都会向上提升脸颊。因此大笑时二者的共同收缩，会让脸颊在双倍力量的提拉下隆起并向上提升，表面皮肤变得光滑紧绷。笑容一旦开始，脸颊的隆起和变圆就会随之出现，等到笑容饱满之后，脸颊的提升和隆起是整张脸上最明显、变化最大的形态，呈苹果形。一个人在大笑的时候，下颚会下垂，以便配合嘴巴张大。与惊讶和恐惧不同的是，大笑时的下巴不但下拉，还会向颈部移动。下嘴唇也会被大幅拉伸，表面变平滑。上唇在颧大肌、提口角肌、提上唇肌和上唇鼻翼提肌的共同作用下提升，其提升程度充分，鼻翼两侧挤压出来的鼻唇沟也格外深长。而伪装的大笑通常不会让嘴部的形态改变到这种程度。

从眼睛到脸颊，再到嘴巴，形成标准笑容形态特征：前额和眉部松弛而自然；眼轮匝肌收缩，造成下眼睑提升、绷紧、凸出，比正常状态遮住更多的虹膜，上下眼睑呈现出挤压式闭合趋势，会在眼角处形成褶皱；颧大肌的收缩会使嘴角向斜上方拉扯，配合痉挛式呼吸的强度做出张嘴或闭嘴的形态。在自然状态下，上唇会提升，露出上齿，下唇则形态不一，下齿很少露出，即便露出，面积也明显少于上齿；两组主导肌肉的运动，共同造成脸颊隆起，看起来饱满圆润，并造成下眼睑下方的笑容沟纹。

平时话不多却放声大笑的人，他们大多是外冷内热型，是非常可靠的朋友。在与陌生人交流中，他们显得十分的内向，甚至木讷，但实际上，他们只是不适应迅速与人交心。在与他们交往一段时间以后，你就会发现，他们对朋友十分友爱，在一定的时候，可以为朋友做出牺牲。所以，虽然他们看上去并不是很爱交际，但真心想和他们交朋友的人却并不少。

微笑的力量

西方有句著名的谚语："只用微笑说话的人，才能担当重任。"大家一定都有过类似的经历，我们不喜欢某个人或者某个屋子，只是因为这个人或者这间屋子的人总是挂着一张苦瓜脸。"己所不欲，勿施于人"，既然我们排斥这样的表情，当然平时也不要总是阴沉着脸。微笑，一个不需花费任何力量的动作，有时候却能够产生巨大的力量。有这样两则关于微笑力量的故事：

一个宁静的欧洲小镇上住着一个亿万富翁，但他却过得非常不快乐。有一天，当富翁垂头丧气地在街上行走时，一个小女孩从远处走来。小女孩用她天真无邪的眼神看了一眼富翁，继而给了他一个甜美的微笑。第二天，发生了一件令所有人吃惊的事情。富翁拎着一个旅行包离开了小镇，他要到外面的世界去寻找梦想和快乐。临行前，富翁赠送给小女孩一笔价值可观的财富。富翁之所以这么做，就是因为小女孩的微笑点燃了他心中的希望，唤醒了他心中沉睡多年的快乐。

很多人无法理解，一个微笑有这么大的魔力，让富翁重获希望，让小女孩获得巨额财富。

无独有偶。在苏格兰的北部海岸，有一处伸入海中的陡峭悬崖。此悬崖地处偏僻、形势险峻，时常有轻生的人选择在这里跳海自杀，因此被当地人称为"自杀海岸"。在"自杀海岸"附近，住着一位名叫肖恩·道格拉斯的退伍上校，几十年来不断把一些自杀者从死亡的悬崖前召唤回来。这位了不起的老上校究竟凭借什么力量让自杀者放弃了疯狂的念头？说起来有些不可思议，这位驰骋疆场的军人所使用的武器就是微笑。每当老人在自己家窗口发现有人企图跳崖时，他就会悄悄走过去，彬彬有礼而又不失庄重地向轻生者打招呼："你为什么不过来喝咖啡呢？"而那些在悬崖边徘徊的人回过头来时，看到的是一张面带微笑的善意笑脸，那慈祥、真诚、柔和、温暖的笑容，常常让对方自杀的念头瞬间土崩瓦解。此时，他会再次发出邀请："到我家里喝杯咖啡吧，我们可以聊聊天……"就这样，肖恩·道格拉斯凭借真诚的微笑，在五十多年时间里，挽救了一百六十多条生命。他也因此被称为"和死神赛跑的人"。

微笑的力量无人能挡，人类普遍喜欢看笑脸。北京奥运会留给人们很多美好的回忆，而最具代表性的当属由焰火礼花在天空中打出的笑脸以及在世界各地搜集的笑脸。微笑是世界上最美丽的语言，正如古希腊哲学家苏格拉底所说："除了阳光、空气、水和微笑，我们还需要什么呢？"微笑可以展示幸福、快乐、希望，它更是我们拉近与他人心理距离的重要的非语言工具。在日常生活和交往中，要想使自己更具魅力，就必须用好微笑这个法宝。

　　人们捕捉笑脸的速度要远远快于消极的面孔。据科学家的计算，人类可以在 300 英尺外看到其他人脸上的微笑，这个范围相当于一个橄榄球场的面积！

　　公平是法庭判决的基础，但一项研究表明，法官往往会轻判那些面带微笑的犯人。这种现象被心理学家称为"微笑宽大效应"。笑容和我们大笑时的表情很相似，这时的笑容表示发自内心的快乐，表示对别人是友善的。不论是黑猩猩还是人类，这样的笑都是为了获得积极的反馈。

　　研究发现，人的笑容是由两套肌肉组织控制的。第一是颧骨处肌肉，它可以带动嘴巴微咧，双唇后扯，露出牙齿，面颊提升，然后将笑容扯到眼角上。第二部分肌肉是眼轮匝肌，它可以通过收缩眼部周围的肌肉，使眼睛变小，眼角出现褶皱，也就是人们常说的"鱼尾纹"。

　　颧骨处的肌肉是人们可以有意识地控制的，在没有开心的事情发生时也可以调动这部分肌肉来制造出虚假的笑容。但是，眼轮匝肌却是不受人们的意识主动控制的，因此，它调动起的笑容一般都是发自内心的真心笑容。

　　要想看一个人的微笑是否发自内心，我们可以看他微笑时眼角是否有"鱼尾纹"。因为敷衍或虚假的笑容只能引起双唇四周肌肉的收缩，而发自内心的开心不仅会使双唇后扯，嘴角上提，还会带动眼轮匝肌的运动。只有这种发自内心的微笑才能感染别人。

　　如果在一个团体中，有一两个人情绪特别积极高涨，不一会儿之后，整个团体的人都会情绪高涨起来；而假如一个团队当中有那么一两个人情绪低落，他并不会对整个团队的情绪影响太大，除非这个团队是以他为核心的。由此可见，微笑及高兴的情绪所引起的正面反应，会比焦虑或低沉的情绪引起的负面反应的力量要强大得多，也就是说微笑具有压倒性的传染力。一个小孩平均每天会笑400多次，而成人则只会笑15次左右，这也许正是小孩为什么能给人带来更多快乐的原因吧！

通过微笑辨别谎言

谎言在日常生活中极其普遍，有人曾经统计过，平均下来，每个人在10分钟内要撒3次谎。与之相比，美国麻省大学的一位心理学家所说的每人平均每日最少说谎25次还比较容易令人接受。之所以这么频繁，是因为谎言会掩盖人的真实想法。绝大多数人都无法准确地区分真笑与假笑，而且只要看见有人冲我们微笑，我们大都会有一种满足感，而从来不会去思考这笑容究竟是真还是假。由于微笑具有让人放松戒备、消除敌意的作用，所以大多数人常常错误地把它当成撒谎者的专利。

埃克曼教授的一项研究表明，当人们刻意由谎言掩盖事实真相的时候，大多数人的表情都会比平时更加严肃。埃克曼相信，这是因为撒谎者大都意识到了这样一个事实：大多数人都会把微笑和谎言联系在一起，所以他们会有意识地克制自己，尽量不露出笑容。撒谎者的笑容出现速度比发自内心的真笑要快，而且持续的时间也更长，看上去就好像是戴着一个笑眯眯的面具。

人维持一个正常的表情会有几秒钟，但是在"伪装"的脸上，真实的情感会在脸上停留极短的时间，所以你得小心观察。一个有代表性的事件就是在莱温斯基事件中，美国前总统克林顿每次说到莱温斯基时，前额都微微皱了一下，然后迅即恢复了平静。另外，当一个人在自以为撒谎成功时，会不自觉地嘴角上翘，可就是这转瞬即逝的小动作，就出卖了他的内心想法。

撒谎者的笑容出现速度比发自内心的真笑要快，而且持续的时间也更长，看上去就好像是戴着一个笑眯眯的面具。如果是假笑，由于我们的左右两个半脑都希望能使笑容看起来显得更加真实，所以在意识的控制之下，我们的左侧脸庞与右侧脸庞的表情并不完全相同，其中一侧的表情会显得更加夸张。控制面部表情的神经元大都集中在右半脑的大脑皮层中，而这部分大脑只能向我们的左半身发送指令。所以，当我们刻意地想在脸上堆满笑容的时候，左侧脸部的笑容就会比右侧脸部的更加明显。可如果是发自肺腑的真心微笑，由于无须刻意地假装，所以我们的左右两个半脑向身体两侧所发送的指令就是对称的，而两侧脸庞的笑容也就不会有任何区别了。当人们撒谎时，左侧脸庞的微笑看起来会显得比右侧的更加明显。

俗话说"做贼心虚"，再高明的撒谎者在心口不一时也不会与说真话时的表情一样，其中只有"功力"的高低差异而已，间谍、卧底、骗子这些"专业人士"只是由于经过训练，一般人难以识别。对于普通人来说，还会因为撒谎时的尴尬而出现脸红、出汗、呼吸急促、清理喉咙、嘴唇干裂、目光转移、摸鼻子、捂嘴、挠头等小动作。只要不断学习，加强训练，你也可以练就一双火眼金睛来识别谎言。

第三章

言辞声调露心声，从语言中破译对方心态

从闲谈中破译对方心态

如何从一个人语言的密码中破译对方的心态呢？闲谈是一种比较好的方式。因为闲谈大多是在一种轻松愉快的氛围下进行的，这会使对方在心理上除去防线。

第二次世界大战中期，东条英机出任日本首相。因此事是秘密决定的，各报记者都很想探得秘密，竭力追逐参加会议的大臣，却一无所获。这时候，有位记者用心研究了大臣们的心理定式：大臣们不会说出是谁出任首相，假如问题提得巧妙，对方会不自觉地露出某种迹象，有可能探得秘密。于是，他向一位参加会议的大臣提了一个问题：此次出任首相的人是不是秃子？因为当时有三名候选人：一是秃子，一是满头白发，一是半秃顶，这个半秃顶就是东条英机。在这看似无意的闲谈中，这位大臣没有仔细地考察到保密的重要性，虽然他也没有直接回答出具体的答案，聪明的记者，从大臣思考的瞬间，就推断出最后的答

案，因为大臣在听到问题之后，一直在思考半秃顶是否属于秃子的问题。这位记者于是从随意的闲聊中套出了他需要的独家新闻。

平时在与人谈话时，一些见识浅薄、没有心机的人就会很容易地把自己的不满情绪倾诉给你听。对于这种人，你不应和他保持更深更多的交往，只需当作一个普通朋友就行了。

假如和对方相识不久，交往一般，而对方就忙不迭地把心事一股脑儿地倾诉给你听，并且完全是一副苦口婆心的模样，这在表面上看来是很容易令人感动的。然而，转过头来他又向其他人做出了同样的表现，说出了同样的话，这表示他完全没有诚意，绝不是一个可以进行深交的人。

这种人对一切事物都没有什么深刻的印象，千万不要附和他所说的话，最好是不表示任何意见，只需唯唯诺诺地敷衍就够了。

还有一类人，他们唯恐天下不乱，经常喜欢散布和传播一些所谓的内幕消息，让别人听了以后感到忐忑不安。其实，他们这样做的目的是为了引起别人的注意，满足一下他们不甘久居人下的虚荣心。他们并不是心地太坏的人，只要被压抑的虚荣心获得满足之后，他们也就消停无事了。

以倾听方式出现的人，其表现是支配者的形态。这种人物的谈语从不涉及自己的事，或有关自己身边的人。他们的话题反而是涉及别人的一些琐事，或对方的隐私秘闻，甚至对对方的一举一动或每条花边新闻都捏着不放手。这是完全彻底地侵犯别人的隐私。

有些人很关注某些人，非常喜欢把话题的重点放在跟自己完全无关的人、名人、歌舞影星的花边新闻轶事方面，这说明他的内心存在一种起支配作用的欲望。

由此可见，他是个沉迷于闲谈名人或明星风流轶事的人，也说明他很难拥有真正的知心朋友。这类人或许是因为内心生活很孤独，没有生命的激情。一个人过于关心自己不太熟悉的事情，并且十分热心去谈论他们，都是表示他内心世界的孤独和空虚。

在现实生活中，还有这样的一类人，他们无论在何种场合与别人交谈时，都爱把话题引到自己的身上，吹嘘自己当年如何奋斗的经历，唯恐别人不知道他的光荣历史，而结果，并不像他想象得那样好。

其实，从某个方面来分析他，可以发现他是个对现实不满的人。虽然他没有用怨恨的语言倾诉他的想法，相反是用自我表现的方式表达出来。事实上，他还不知道这种自我吹嘘的言谈，很难适应时代的变化。或许他是个不折不扣的失败者，完全靠怀旧来过生活。不过可以看出他确实陷入某种欲求不满的环境中，可能他的升职途径遭受阻碍，或者无法适应目前所处的环境，所以他希望忘却现实，喜欢追寻往事。这是一种倒退的现象，从他的话题里，别人会发现他的内心深处正潜伏着一股无可救药的欲求和不满的情结。

分析一个人的内在表现时，他的潜在欲望不但隐藏在话题里，也存在于话题的展开方式上。在聚会上，大家彼此正在交谈时，有人竟然不顾别人的谈话，而突然插进毫不相干的话题，这是相当令人讨厌的行为。

有的人在和别人谈话时，经常把话题扯得很远，让你摸不着头绪，或者不断地变换话题，让别人觉得莫名其妙。这说明这种人有着极强的支配欲和自我表现意识，在他的意识中，很少把别人放在眼里，而完全摆出我行我素的模样，让别人都去听从他的主张，以他的意见为主导。

一般说来，政府官员或企业的领导，会有滔滔不绝谈话的习惯，其实，透过这种表面的现象，可以看出他担心大权旁落的心理状态。也可以说，他是一个喜欢占据优势地位的人。

话题的内容不断变化固然是个好现象，但谈得离谱，一切都显得毫无头绪的样子，那就会使听众感到索然无味。假如他是个普通人，总谈些没有头绪的话题，或者不断改变话题，东拉西扯，那就表示他思想不集中，给别人留下支离破碎的印象。这说明他是个缺乏理性思考的人。

一个优秀的谈话者，常将对方引出来的话题加以分析、整理，结果不断地从对方身上吸取许多知识和信息。在一般情况下，有的人将全部注意力放在倾听对方的谈话上，从性格上讲，这一类型的人很想理解别人的心思，而且具有宽容的心态，有真正的君子风度。

苏东坡是宋代文学家，他极具语言的天赋，长于雄辩的他，却非常注重别人的谈话。有时和朋友聚会，他总会静下心来，听他们高谈阔论。一次聚会中，米芾问苏东坡："别人都说我癫狂，你是怎么看的？"苏东坡诙谐地一笑："我随大流。"众友为之大笑。即使是朋友问的不同观点，他也以"姑妄言之，且姑妄听之"的态度对待。

经常使用如"嗯……还有……"、"这个……"、"那个……"等句式的人，表示他的话不能有条理地进行，思考无头绪，思绪无条理。但即使同样使用连接词，常用"但是……"、"不过……"的人，一般可以认为其思考力较强。当他们在讲话时，脑子里还会浮现相对语以资过滤求证。所谓能言善辩、头脑敏锐的人，就是指此类的人。但是如果此种语调反复出现多次，其理论也随之翻来覆去，迫使对方紧随不舍，不知不觉中被牵着鼻子走，失去了招架之力。

对经常使用这种表现手法的人大都比较慎重。也正是因为如此，说话难免时断时续，只好在重新整合之后才可以继续下去，这是一种缺乏自信心的表现。

从客套语看人心

在人际关系中，最容易被破译密码的语言就是客套语。客套语的存在，是社会发展的必然结果。但是客套语要运用恰当，如果过分牵强而显得不自然，可能此人别有用意。客套语的反面是粗俗语，一些人会对自己心仪之人说出随意的言语，以示双方的关系非同一般，给人以亲密感的误会。在毫无隔阂的人际关系中，并不需要使用客套话。不过，当在此种亲密的人际关系里，突如其来地加入客套话的时候，就必须格外小心。有时候，男女朋友之某一方，使用异乎寻常的客套话时，就很可能是心里有鬼的征兆。

用过分谦虚的言词谈话时，可能在表示强烈的嫉妒、敌意、轻蔑、警戒，等等。语言是测量双方情感交流的心理距离的标准。客套话使用过多，并不见得完全表示尊敬，往往也可能含有轻蔑与嫉妒的因素。同时，在无意中会将他人与自己隔离，具有防范自己不被侵犯的防卫功能。

某些都市的人，对外乡人说话很客气。这从另一个角度看，或许是一种强烈的排他性表现。因此，往往无法与人熟识，往往给人以冷淡的印象。以此类推，假使交情深厚的朋友，仍不免使用客套话时，则很可能内心存有自卑感，或者已隐藏着敌意。

喜欢使用名人的用语和典故的人，一般来说大部分都属于权威主义者，他们经常使用别人的语言来表达自己的意思，以透露出自我扩张的表现欲。

假如他开口闭口就爱抬出一大堆晦涩难懂的语言或外国语，就会让听者有一种走错庙门的感觉。事实上，他这样做只是用语言掩饰自己的弱点。他这样做，无非是想加强说话的分量，同时也表示自己的见多识广，以此抬高身份和扩大自己的影响。

从语言风格识个性

我们不少人都难以避免出席会议或主持会议。有的人可以在规定的时间内完成会议内容，而且使与会者满意而归；也有的人长篇累牍、喋喋不休，直到把所有的与会者催睡着了。主持会议虽然与主持者的自身修养和知识程度有关，但性格所起到的作用也不能漠然视之。

1. 简洁明快、豁达干练的人

这种人快言快语、办事雷厉风行，对工作对生活都充满信心，做事必须精心准备。主持会议亦清晰明了，内容安排得当，讲话时条理清晰，言之有物，令与会者为之钦佩。此类人可以胜任重要岗位领导工作。

2. 说一不二的人

此类人有一定的身份、地位和手段，对自己目前所拥有的一切满怀信心，而且坚信自己会拥有更多更美好的东西。他们的发展通常是靠自己的真才实干，顽强的意志力是他们取得成功的保证。他们做事总是胸有成竹、遇惊不乱，很有大将风度，但极易固执己见，不容他人置疑，专断独行。

3. 把会场当课堂的人

这类人的名片上通常印有"专家"两个字，他们学有专长，往往是单位或公司某一项业务的权威。开会的时候，他们会以老师的姿态站在与会者面前，不厌其烦地讲解"学生们"不明白或懂得不彻底的理论和观念，常常忘记了时间、地点和自我，而被误认为学生的与会者则会哈欠连天，瞌睡连连。

说话方式与行为模式的关联

根据心理学家的研究证实，个人的说话方式反映了其内心深层的感受。

每一个人的说话习惯皆不尽相同，经过统计归纳结果发现，一个人的说话习惯与其行为模式有直接关联，有时可利用这种关联作为识人的基本资料。

在"称谓语"中习惯把"我"挂在嘴边的人，具有幼稚、软弱的性格。根据心理学家的研究，谈话中频频使用"我"的人，自我表现欲强烈，时时不忘强调自己，唯恐别人忽略。而习惯使用"我们"或"大家"来代替"我"的人，具有随声附和或依附团体的性格。喜欢在谈话中引用"名言"的人，大多属于权威主义者。不论场合、不分谈话对象和主题，在与别人的交谈当中，会使用名人的格言来驳斥对方或证明自己论调的人，往往缺乏自信，习惯借助他人之名来壮大自己的声势。说话时如此，在生活和工作中也有类似的"狐假虎威"现象。

说话时喜欢夹杂几句外语，令听者感到困惑和别扭。这种类型的人通常希望借着语言来掩饰自己的弱点，多半是对于自己的学问、能力缺乏自信所致。

谈话中喜欢引用长辈说过的话，比如，常将"我妈说"挂在嘴边的人，表示其在心理和精神上尚未独立。而有些女性喜欢借用母亲的话来表现自己的意志，如"我妈妈说你很有风度"等，表明此人心智尚未成熟，缺乏独立自主的个性。

下面的几点是告诉人们怎样通过观察说话方式而知其心的具体办法：

（1）在正式场合中发言或演讲的人，开始时就清喉咙者多数是由于紧张或不安。

（2）说话时不断清喉咙，改变声调的人，可能还有某种焦虑。

（3）有的人清嗓子，则是因为他对问题仍迟疑不决，需要继续考虑。一般有这种行为的男人比女人多，成人比儿童多。儿童紧张时一般是结结巴巴或吞吞吐吐地说："嗯"、"啊"，也有的总喜欢习惯性地反复说："你知道。"

（4）故意清喉咙则是对别人的警告，表达一种不满的情绪，意思是说："如果你再不听话，我可要不客气了。"

（5）吹口哨有时是一种潇洒或处之泰然的表现，但有的人会以此来虚张声势，掩饰内心的惴惴不安。

（6）内心不诚实的人，说话声音支支吾吾，这是心虚的表现。

（7）内心卑鄙乖张的人，心怀鬼胎，声音会阴阳怪气，非常刺耳。

（8）有叛逆企图的人说话时常有几分愧色。

（9）内心渐趋膨胀之时，就容易有言语过激之声。

（10）内心平静的人声音也会心平气和。

（11）心内清顺畅达之人，言谈自有清亮和平之音。

（12）诬蔑他人的人闪烁其词，丧失操守的人言谈吞吞吐吐。

（13）浮躁的人喋喋不休。

（14）善良温和的人话语总是不多。

（15）内心柔和平静的人，说话总是如小桥流水，平柔和缓，极富亲和力。

说话的速度和语气透露内心

说话的速度快慢与一个人的性格绝对有其关联，一个慢性子绝不会说出连珠炮般的话语来；而同样一句话，有可能因为语气不同，而使得意思完全走样。所以懂得从一个人谈话的速度和语气去了解对方的个性，无疑是掌握了一把开启对方心理状态的钥匙。

说话速度快的人，大多性子急躁；而那些说话慢条斯理的人，多是慢性子，不管遇到什么事情，总是不疾不焦，反应比别人慢半拍。另外，通常不满意对方或心怀敌意时，言谈的速度就会放慢；相反地，当心里有鬼或想欺骗他人时，说话的速度大多会不由自主地加快。一个平时沉默寡言的人，突然之间变得能言善辩、喋喋不休，表明其内心有不欲人知的秘密或心虚，想用快言快语作为掩饰。

充满自信的人，谈话时多用肯定语气；缺乏自信或性格软弱者，说话的节奏多半慢条斯理、有气无力。

喜欢低声说话的人，不是缺乏自信就是女性化的表现；而那些说起话来没完没了，希望话题无限延长的人，其内心潜藏着唯恐被别人打断和反驳的不安，这种人常以盛气凌人的架势一直说个不停。

　　喜欢用暧昧或不确定的语气、词汇作为结束话题的人，通常害怕承担责任。经常使用条件句的人，如"这只是我个人的看法""不能一概而论""在某种意义上"或"在某种情况下"，等等。

　　聆听他人讲话时，眼光始终无法集中，不是东张西望就是玩弄手指头，表示其对谈话者感到厌烦；而频频重复对方的话，表示其对此谈话内容具有高度的耐心与好奇心。

　　听话时不停地大幅度点头的人，表示他正认真地听对方讲话。而即使频频点头示意，但视线不集中于对方身上的人，表示对对方的话题并没有产生共鸣；点头次数过多，或者胡乱附和的人，多半不了解对方谈话的内容；一面讲话一面自我附和的人，大都不容许对方反驳，性情极为顽固。这种人往往无法与听者进行交流，总是一个人唱独角戏，唯我独尊。

从谈话主题透露人的内心

　　话题总是离不开自己的人，具有自我陶醉的倾向，属于以自我为中心的性格。那些言必谈己的人，事实上最关心的对象就是自己。这种心理除了是一种自我陶醉，也有任性的性格倾向。此外，不仅谈论自己，而且动不动就把话题集中在自己家人、工作、家庭等周边事物的人，也可以将之归类为以自我为中心的性格。

　　而爱发牢骚的人，多有压抑心理，属于否定型性格。牢骚是心理压抑的一种发泄，从发泄的牢骚里，可以发现一个人的心态和愿望。抱怨薪水太低的人当中，有不少是因为本身不喜欢这项工作，透过抱怨工资低而把不满的情绪表达出来。而贬低上级主管的人，大都具有希望出人头地的欲望却又不易达成。爱发牢骚成癖的人，除了心理压抑和心存不满之外，还出于一种虚荣心。

另外，还有一种好提当年勇的人，多在现职的表现上力不从心，无法适应眼前的工作，所以才喜欢在部属、同事，特别是比自己资历浅的人面前大谈过去的风光史。嘴边老挂着昔日丰功伟业的人，回忆起过去总是洋洋得意。这种现象说明了这个人工作能力衰退，落后于时代潮流且又难以赶上，以寻求解脱。

多留心对方的音调

与说话速度一样可以呈现特征的便是音调。

肖邦曾在一家杂志专栏中叙述道："当一个人想反驳对方意见时，最简单的方法就是拉高嗓门——提高音调。"的确如此，人总是希望借着提高音调来壮大声势，并试图压倒对方。

音调高的声音，是幼儿期的附属品，为任性的表现形态之一。一般而言，年龄越高，音调会随之相应地降低。而且，随着一个人精神结构的逐渐成熟，便具备了抑制"任性"情绪的能力。但是，有些成人音调确实是相当高的。这种人的心理，便是倒回幼儿阶段了，因此，自己无法抑制任性的表现。在此情况下，也无法接受别人的意见。

如，在座谈会上，有人的评述牵扯到某位女士，被批评的那位女士便会猛然地发出刺耳的叫声，并像开机关枪似的开始反驳，使得在座者出现哑口无言的场面，座谈的气氛已荡然无存。音调高的声音，被看做精神未成熟的象征。言谈之中，语调的抑扬顿挫，对一个人的外在表现很重要，甚至有时也能决定人的沉浮。

明成化年间，兵部左侍郎李震业已三年孝满，久盼能升至兵部尚书，恰好这时兵部尚书白圭被免职，机会难得。不料朝廷命令由李震的亲家、刑部尚书项忠接任。满怀希望的李震大为不满，对他的亲家埋怨说："你在刑部已很好了，何必又钻到此处？"过了些天，李震脑后生了个疮，仍勉力朝参，同僚们戏语说："脑后生疮因转项。"（意指项忠从刑部转官而来）李震回答说："心中谋事不知疼。"他仍然汲汲于功名，不死其心。其实李震久不得升迁，原因是因为声音的变化而影响了皇帝对他的印象。在皇帝看来，忠臣往往能奏朝章朗朗而谈，而奸臣则声音低沉而险恶。李震的声音历来沙哑而不定，给人一种不可靠的感觉。因为他患喉疾，每逢奏事，声音低哑，为宪宗皇帝所恶，因而升官的事自然与李震无缘。

这虽是一个极端的例子，但也说明了音调对人们印象的重大影响。

从说话韵律看透他人

在言谈方式中，除了音感和音调之外，语言本身的韵律也是重要的因素。

充满自信的人，谈话的韵律为肯定语气；缺乏自信的人或性格软弱的人，讲话的韵律则慢慢吞吞。其中，也会有人在讲一半话之后说"不要告诉别人"而悄悄说话。此种情况多半是秘密谈论他人闲话或缺点，但是内心却又希望传遍天下的情形。

话题冗长，需相当时间才能告一段落，也说明谈论者心中必潜藏着唯恐被打断话题的不安。唯有这种人，才会以盛气凌人的方式谈个不休。至于希望尽快结束话题交谈的人，也有害怕受到反驳的心理，所以无奈听任对方。

另外，经常滔滔不绝谈个不休的人，一方面目中无人，另一方面好表现自己，并且，这种类型的人一般性格外向。

一个成功的人，在控制言谈的韵律方面有独到之处。这种细节性的处理方式，使自己赢得了社会或下属的认可与尊重。

说话比较缓慢的人，大都是性格沉稳之人，处事做人就是通常所说的慢性子。从言谈的韵律上可以看出一个人的性格特征。

五代时，冯道与和凝同在中书省任职，冯道说话做事都很缓慢，而他的同事和凝则是个性急的人，办事果断，做人颇为自信。由于性格上的差异，两人经常为一些小事而意见不合。有一天，和凝看到冯道买了一双鞋，认为款式不错，他很想也买一双，就问冯道："先生这双鞋多少钱？"冯道慢慢地举起右脚缓缓地对和凝说："这九百钱。"和凝素来性情急躁气量又小，听到这里，便对手下人大发脾气："你怎么不告诉我这种鞋子要用一千八百钱？"正想继续责骂，这时，冯道又慢慢地抬起左脚说："这只也九百钱。"和凝听后怒气才稍解。

第四章

人身向来随心动，从行为举止知其心

爱幻想：双手托腮

以手托腮的动作，是一种替代的行为，是在用自己的手代替母亲或是情人的手，来拥抱自己或安慰自己。

在精神抖擞毫无烦恼的人身上，是不经常看见这样的行为，只有在他心中不满、心事重重时，才会托着腮沉浸于自己的思绪中，借此填补心中的空虚与打发烦恼。

如果你眼前的人，正用手托腮听你说话时，那就表示他觉得话题很无聊，你的谈话内容无法吸引他，或者他正在思考自己的事，希望你听他说话。而如果你的恋人出现这样的举动，也许他正厌倦于沉闷的聊天，希望你给他一个热情的拥抱呢！

倘若平日就习惯以手托腮的话，表示此人经常心不在焉，对现实生活感到不满、空虚，期待新鲜的事物，梦想着在某处找到幸福。想抓住幸福的话，不能只是用手托着腮幻想而什么都不做。"守株待兔"便是这类型的人最佳的描写。

有这种个性的人在谈恋爱时，会强烈渴望被爱，总是祈求得到更多的爱，很难得到满足，处于欲求不满的状态。

从另一个角度来看，这种人因为觉得日常生活了无创意，而习惯于沉浸在自己编织的世界中，偏离了现实世界，脑中净是浪漫的情怀，与之交谈，往往会有一些意想不到的有趣话题出现。

这种人就像一个爱撒娇的孩子一样，随时需要呵护，但太过于溺爱也不是好事。拿捏好尺度，适当地满足他的需求才是上策。而经常做出托腮动作的人，除了要自我检讨这种行为是否是因内心空虚产生的反射动作外，也应尽量充实自己，减轻内心的痛苦，试着通过心态的调整，改善表露在外的肢体动作。

挑战之意：双手叉腰

孩子与父母争吵、运动员对待自己的对手、拳击手在更衣室等待开战的锣声、两个吵红了眼的冤家……在上述情形中，经常看到的姿势是双手叉在腰间，这是表示抗议、进攻的一种常见动作。有些观察家把这种举动称之为"一切就绪"，但"挑战"才是其最基本的实际含义。

这种姿势还被认为是成功者所特有的姿势，它可使人想到那些雄心勃勃、不达目的誓不罢休的人。这些人在向自己的奋斗目标进发时，都爱采用这种姿势。含有挑战、奋勇向前趋势的男士们也常常在女士面前采用这种姿势，来表现他们男性的好战以及男子汉形象；但女人如果用这一姿势，给人的感觉则是不温柔，有母夜叉、河东狮吼的感觉。

在生活中，大家应该多些友爱和阳光，我们可以向困难挑战，可以向远大目标挑战，但不可以向同伴挑战，不可以用双手叉腰增添剑拔弩张的气氛。

意见不同：十指交叉

有一些人在谈话时，常常会将双手在胸前无意识地交叉在一起。最常见的姿势是把交叉着十指的双手放在桌面上，面带微笑地看着对方。这种动作，常见于发言人，这个动作出现的时候，常常使谈话处于一种平和的氛围之中。

通常，这种姿势常常也被女性拿来使用。当一个女子摆出这种姿势的时候，如果能够了解其中所代表的意思，就可以适时而动，接近她。

女性十指交叉的方法不同所代表的含义也不同：喜欢十指交叉的女性往往可能是在谈恋爱的时候曾经受过伤害，其内心对别人有一种戒备心理，以避免自己再一次受到伤害，可以说是一种很明显的本能防卫。如果一个女子用双肘支撑着交叉双手，或者把下巴放在交叉的双手上面，那就表明她是一个特别有自信的女性，或者是说她对自己的某些诱惑力相当自信。而把十指相对，将手势摆成尖塔形的女性，则是非常理性的女子，如果她们摆出这种姿势的话，一般表示她只对男子说的话感兴趣而不是对男子本身感兴趣。

防卫心重：双臂交叉

将双臂交叉抱于胸前，是一种防御性的姿势，是防御来自眼前人的威胁感，使自己不产生恐惧。这是一种心理上的防卫，也说明对眼前人的排斥感。

这个动作似乎正传达着"我不赞成你的意见""嗯……你所说的我完全不懂""我就是不欣赏你这个人"等。当对方将双臂交叉抱于胸前与你谈话时，即使不断点头，其内心也可能对你的意见并不表示赞同。

也有一些人在思考事情时，习惯将双臂交叉抱于胸前，一般而言，有这种习惯的人，基本上属于防卫心强的类型，在自己与他人之间画下一道防线，不习惯对别人敞开心胸，永远和对方保持适当的距离，冷漠地观察对方。

这种人是戒备心理强的人，大多数在幼儿时期没有得到父母充分的爱，例如：母亲没有亲自喂母乳、总是被寄放在托儿所、缺乏一些温暖的身体接触等。在这种环境之下长大的人，特别容易体现出此种习惯。

著名的日本演员田村正和，在电视剧中常摆出双臂交叉抱于胸前的姿势，因此他给观众的感觉，绝不是亲切坦率的邻家大哥，而是高不可攀的绅士。他不是那种会把感情投入对方所说的话题中，陪着流泪或开怀大笑的类型。他心中似乎永远都藏有心事，在自己与别人之间筑起一道看不见的屏障。这种形象和他习惯将双臂交叉抱于胸前的姿势似乎非常符合。

个性直率的人通常肢体语言也较为自然、放得开。当父母对孩子说"到这儿来",想给孩子一个拥抱时,一定会张开双臂,拥他入怀。试试看将双臂交叉抱于胸前对孩子说"到这儿来",孩子们绝不会认为你要拥抱他,而是担心自己是否惹你生气,准备挨骂了。

显示威慑力:拍案而起

拍案而起,是形容一件事情重大而令人激动甚至愤怒的一个形容词。这个词现在屡屡见诸报端,一般都是形容一些领导人对某些大事件、突发事件以及民愤极大又没有得到良好解决的事件的愤怒心情和行为,也体现了这些领导亲民、爱民的作风和疾恶如仇的性格。

左宗棠曾三次拍案而起,义正词严,维护中华民族大义,在近代史上留下了光辉的一笔。

左宗棠,清代"同治中兴"名臣,一生很有成就。熟悉或研究过左宗棠的人,无不对他的为人处世、为官之道赞不绝口。他在事关中华民族利益的大是大非面前三次"拍案而起,挺身而出"的故事,尤为后人称道。

其中一次是,当他还是一个平民百姓时,林则徐在广州禁烟,得罪了洋人,洋人便用武力相要挟。清政府害怕了,就把责任往林则徐身上推,并撤销了他的职务,启用了投降分子琦善之流,同时还与英帝国主义签订了中国历史上第一个不平等条约,又是割地又是赔款。此时的左宗棠虽然人微言轻,但依然拍案而起,说:"英夷率数十艇之众竟战胜我,我如卑辞求和，遂使西人俱有轻中国之心，相率效尤而起，其将何以应之？须知夷性无厌，得一步又进一步。"他痛斥琦善"坚主和议，将恐国计遂坏伊手"，"一二庸臣一念比党阿顺之私，今天下事败至此"。他利用自己的朋友关系，四处联络，推动参劾投降派，让清政府重新启用林则徐。正是在舆论压力之下，朝廷不得不撤掉琦善，恢复林则徐的职位。

从上面左宗棠拍案而起，怒斥敌人的故事中，我们应该受到启发和教育。当一个人的人格和尊严受到侵犯时，不应该临阵退缩，而应该拍案而起，给敌人以迎头痛击。

力量的体现：紧握拳头

如果一个人在演讲或说话时，攥紧拳头向着听众说话，是在向他人表示："我是有力量的。"但如果是在有矛盾的人面前攥紧拳头，则表示："我不会怕你，要不要尝尝我拳头的滋味？"

林肯总统在一次著名的演讲中，就采用过这种手势。"有只狮子深深地爱上了一个樵夫的女儿。这位美丽的少女让它去找自己的父亲求婚。狮子向樵夫说要娶他的女儿，樵夫说：'你的牙齿太长了。'狮子去看医生，把牙齿拔掉了。回过头来樵夫又说：'不行，你的爪子太长了。'狮子又去找医生，把爪子也拔掉了。樵夫看到狮子已经解除了'武装'，就用枪把它的脑袋打开了花。"林肯最后说："如果别人让我怎么样我就怎么样，那我会不会也是这样的下场呢?"林肯说完这些话，攥紧拳头，加重语气说道："我绝不会受任何人摆布!"

林肯在这儿攥紧拳头，表现出的是果断、坚决、自信和力量。平时我们听人演讲见人讲话时攥紧拳头，证明这个人很自信，很有感召力。但在日常生活中，我们与人发生不愉快时，请把你的拳头藏起来，不要攥起拳头在对方面前晃动，那样做的结果，势必会引起一场打架，这是不可取的。

果断的印象：手势下劈

手势下劈，给人一种泰山压顶、不容置疑之感。使用这种手势的人，一般都高高在上，高傲自负，喜欢以自我为中心，他的观点，不会轻易容许人反驳。这个动作伴随着的意思是"就这么办""这事情就这样决定了""不行，我不同意"等话语。

日常生活中，大家常遇到一些上司在讲话时，为了强调自己的观点，把手势往下劈。每当这个时候，听者最好不要轻易提出相悖的观点，对方一般也是不会轻易采纳的。平常与同事或朋友三五成群地争论问题，有人为了证明自己的观点而否定别人的观点，也常用这种手势来否定别人的观点，打断别人的话。善于识别这种手势语言，有助于我们为人处世采取适当的姿态。

坐姿与心理反应

在公交车或是普通座椅上，常将左脚放在右脚之上者，通常均是患有脑出血的人，而且他们的脸色比常人要红，这是由于右脚的关节不能自由活动而导致的现象。由于右脚有毛病，很难将其置放在左脚之上。

不论哪只脚在上，大凡摆在上面的那只脚易于疲劳。当脚部出现疲劳现象时，可做脚踝部位的上下运动及扇形运动，促使毛细血管扩张，促进血液循环，将会大大有益于缓解病症。

坐稳后两腿张开、姿态懒散者，通常说来都比较胖。这种人由于腿部的肉过多，行动也不是十分方便，说得比较多而做得相对要少。这类人属于豪言壮语型，头脑中想的事情经常是被夸张了的。

坐下时左肩上耸，膝部紧靠，致使双腿呈 X 字形的人，一般均比较谨慎。但他的决断力比较差，即使是一个男性，也缺少男子汉的气魄，是比较女性化的男性。如果你对他有过多希望的话，其结果多为失望。

坐下手臂曲起，两脚向外伸的人，其决断力十分缓慢。每天他都在不断地计划些事物，但却什么也实现不了。这种人的理想与行动特别不协调，喜欢做白日梦。如果与这种人共事，相信一年中会出现不间断的纠纷。

坐下时两脚自然外伸，给人以一种十分沉着稳重印象的人，属性格直爽类型。这些人大都身体健康，对疾病的抵抗力很强。就命运而言，他也是十分幸运的。

坐下时，一只手撑着下巴，另一只手搭在撑着下巴的那只手的手肘之上，且架着"二郎腿"的人，大都不拘小节，面对失败亦能泰然自若。不过，如果你被这种人迷惑住，他会厚颜无耻地去逃避责任，甚至对你使出各种利己而卑鄙的手段。

双肩耸起，一腿架放在另一只腿之上，做出庄重堂皇之态的人，虽然志向远大，但却缺乏具体计划，致使他的志向如空中楼阁一般，无法实现。

坐在车上两脚长伸在外，阻碍通道，同时将双手插在口袋里的人，大多是贫困潦倒之人。如果其相貌长得不好，可能做出恐吓或威胁他人的行为。对这种人，最好采取避而远之的态度。

两脚弯曲，两手架在桌上伏身看书的人，容易患甲状腺异常及筋肿等疾病。如果是近视眼的人，他也可能会稍稍抬起屁股看书。

坐着看书时，脚尖竖起，同时眼睛不断向上翻的人，肯定是个急性子。这是一种天生的个性。即使他有很多看书的时间，但他还是显得非常繁忙，无法平心静气地看书。

在读书时，用手撑着下巴且姿势不良的人，其读书效率不高，同时此种姿态也是理解及记忆均有困难的人的象征。一个真正学习的人，是不会用这种不良姿态读书的。

古板型的坐姿

坐着时两腿及两脚跟并拢靠在一起，双手交叉放于大腿两侧的人为人古板，从不愿接受他人的意见，有时候明知别人说的是对的，他们仍然不肯低下自己的脑袋来接受。

他们明显缺乏耐心，哪怕只有几分钟的会面，他们也时常显得极度厌烦，甚至反感。

这种人凡事都想做得尽善尽美，定的却又是一些可望而不可即的目标。他们爱夸夸其谈，而缺少实干的精神，所以，他们总是失败。虽然这种人为人执拗，不过他们大多具有丰富的想象力。如果他们在艺术领域里发挥自己的潜能，或许会做得更好。

对于爱情和婚姻，他们也都比较挑剔，人们会认为这种人考虑慎重，但事实不然。应该说是他们的性格决定了这一切，他们找"对象"是用自己构想的"模型"如"郑人买履"般寻觅，这肯定是不现实的做法。而一旦谈成恋爱，则大多数都属于"速战速决"类型，因为他们的理念是中国传统型的"早结婚，早生子，早享福"。

悠闲型的坐姿

这种人半躺而坐，双手抱于脑后，一看就是一种怡然自得的样子。这种人性情温和，与任何人都相处得来，也善于控制自己的情绪，因此能得到大家的信赖。

他们的适应能力很强，对生活也充满朝气，干任何职业好像都能得心应手，加之他们的毅力也都非常坚强，往往都能达到某种程度的成功。这种人喜欢学习但不求甚解，可能他们要求的仅是"学习"而已。

他们的另一个特点是挥金如土。如果让他们去买东西，很多时候他们是凭直觉选择。对于钱财他们从来就是把它看作身外之物，"生不带来，死不带去"，以至于他们时常不得不承受因处理钱财鲁莽而带来的后果，尽管他们挣的钱不少。

他们的爱情生活总的来说是较快乐的，虽然时不时会被点缀上一些小小的烦恼。这种人的雄辩能力都很强，但他们并不是在任何场合都会表现自己，这完全取决于他们当时面对的对象。

自信型的坐姿

这种人通常将左腿叠放在右腿上，双手交叉放在腿跟儿两侧。他们具有较强的自信心，特别坚信自己对某件事情的看法。如果他们与别人发生争论，可能他们并没有在意别人的观点和内容。

他们天资聪颖，总是能想尽一切办法并尽自己的最大努力去实现自己的梦想。虽然也有"胜不骄，败不馁"的品性，但当他们完全沉浸在幸福之中时，也会有些得意忘形。

这种人很有才气，而且协调能力很强。在他们的生活圈子里，他们总是充当着领导的角色，而他们周围的人对此也都心甘情愿。

不过这种人有一个不好的习性，就是喜欢见异思迁，常常是"这山看着那山高"。

腼腆羞怯型的坐姿

把两膝盖并在一起，小腿随着脚跟分开成一个"八"字样，两手掌相对，放于两膝盖中间，这种人特别害羞，多说一两句话就会脸红。他们害怕的就是让他们出入于社交场合。这类人感情非常细腻，但并不温柔，因此这种类型的人经常使人觉得很奇怪。

这种人可以做保守型的代表，他们的观点一般不会有太大的变化，他们对许多问题的看法或许在几十年前比较流行。在工作中他们习惯于用过去陈旧的经验做依据，这本身并不是错，但在新世纪到来的今天，因循守旧肯定会被这个社会淘汰。不过他们对朋友的感情是相当诚恳的，每当别人有求于他们的时候，只需打个电话他们就肯定会效劳。

他们的爱情观也常常受着传统思想的束缚，经常被家庭和社会的压力压得喘不过气来，而自己仍要遵循那传统的"东方美德""三从四德"等旧观念。

谦逊温柔型的坐姿

温顺型的人坐着时喜欢将两腿和两脚跟紧紧地并拢，两手放于两膝盖上，端端正正。这种人一般性格内向，为人谦虚，对于自己的情感世界很封闭，哪怕与自己特别倾慕的爱人在一起，也听不到他们一句暧昧的语言，更看不到一丝亲热的举动。对于感情奔放的人来说，这样的人实在是欲拒难舍，欲舍难离。

这种坐姿的人常常喜欢替他人着想，他们的很多朋友对此总是感动不已。正因为如此，他们虽然性格内向，但朋友却不少，因为大家尊重他们的"为人"，此所谓"你敬别人一尺，别人敬你一丈"。

在工作中，这种人虽然行动不多，但却踏实努力，他们能够埋头为实现自己的梦想而奋斗。犹如他们的坐姿一样，他们不会去花天酒地，他们很珍惜自己用辛勤劳动换来的成果，他们坚信的原则是"一分耕耘，一分收获"，也因此极端讨厌那种只知道夸夸其谈的人。在他们周围，想吃"白食"是不行的。

坚毅果断型的坐姿

这类人喜欢将大腿分开，两脚跟儿并拢，两手习惯于放在肚脐部位。

这种人有勇气，也有决断力。他们一旦考虑了某件事情，就会立即去采取行动。自然在爱情方面，他们一旦对某人产生好感，就会去积极主动地说明自己的意向。不过他们的独占欲望相当强，动不动就会干涉自己恋人的生活，所以时常遭到自己恋人的白眼。

他们属于好战类型的人，敢于不断追求新生事物，也敢于承担社会责任。这类人当领导的权威来自于他们的气魄。其实很多人并不是真心地尊重他们，只是被他们那种无形的力量震慑而已。从另一个角度来说，他们不会成为处理人际关系的"老手"。当他们遇到比较棘手的人际关系问题时，他们多半会求助于自己的老婆。但是如果生活给他们带来什么压力的话，他们一定能够泰然处之。

投机冷漠型的坐姿

这种人通常将右腿叠放在左腿上，两小腿靠拢，双手交叉放在腿上。

这种人看起来觉得非常温和可亲，状如菩萨，很容易让人亲近，但事实却恰恰相反，别人找他谈话或办事，一副爱答不理的举动让你不由得不反思："我是否花了眼？"你没有花眼，你的感觉很正确，他们不仅个性冷漠，而且性格中还有一种"狐狸作风"，对亲人、对朋友，他们总要向人炫耀他那自以为是的各种心计，以致周围的人不得不把他们打入心理不健全的类型。

这种人做事总是三心二意，并且还经常向人宣传他们的"一心二用"理论。

放荡不羁型的坐姿

放荡型的人坐着时常常将两腿分开距离较宽，两手没有固定的放处，这是一种开放的姿势。

这种人喜欢追求新意，偶尔成为引导都市消费潮流的"先驱"。他们对于普通人做的事不会满足，总是想做一些别人不能做的事，或者不如说他们更喜欢标新立异。

这种人平常总是笑容可掬，最喜欢和他人接触，而他们的人缘也确实颇佳，因为他们不在乎别人对他们的批评，这是其他人很难做到的。从这方面来说，他们很适合做一个社会活动家或从事类似的职业。

中篇

解读职场行为密码，增加 职场博弈成功的筹码

中篇

第一章

有业绩更要有人际，解读
同事微行为了解其为人

从对待工作的态度看人

人们在自然而然中都会将自己的性格特征表现在对工作的态度上，所以如果想了解和认识一个人的性格，可以从他对工作的态度上进行观察。

通常来说，外向型的人多勇于承担责任，在工作中，没有机会的时候会积极地寻找和创造机会，有机会的时候会牢牢地把握住机会，他们多很容易获得成功。

内向型的人在面对一件工作的时候，首先想到的是自己该负担的责任、后果等问题，总是担心失败了会怎样，所以时常会表现出摇摆不定的神态。因为顾虑的东西实在太多，他行动起来就会瞻前顾后、畏首畏尾，最后往往会以失败而告终。

工作失败了，不断地找一些客观的借口和理由为自己开脱，以设法推卸和逃避责任，这种人多半是自私而又爱慕虚荣的，他们常常以自我为中心。

工作上一旦出现问题，就责怪自己，把责任全部包在自己身上，这样的人多胆小。

失败以后能够实事求是地坦然面对，并且能够仔细、认真地分析失败的原因，进行总结和归纳，争取在以后的工作中不犯同样的错误，这样的人多是真正成熟的人。他们为人处世比较稳定和沉着，具有一定的进取心，经过自己的努力，多半会取得成功。

工作比较顺利，就特别高兴，但稍有挫折，就灰心丧气，甚至是一蹶不振，这种人多属于性格脆弱、意志不坚强的类型。

从面部表情识别同事的心理

观色是指观察人的脸色，获悉对方的情绪。这与老猎人靠看云彩的变化推断阴晴雨雪是一个道理。

人类的心理活动非常微妙，但这种微妙常会从表情里流露出来。如果遇到高兴的事情，脸颊的肌肉会松弛，一旦遇到悲哀的情况，也自然会泪流满面。不过，也有些人不愿意将这些内心活动让别人看出来，单从表面上看，也许会让人判断失误。

1. 没表情不等于没感情

生活中，我们有时会看到有些人不管别人说了什么、做了什么，他都一副无表情的面孔。其实，没表情不等于没感情，因为内心的活动如果不呈现在脸部的肌肉上，那就显得很不自然，越是没有表情的时候，越可能使感情更为冲动。

2. 愤怒悲哀或憎恨至极点时也会微笑

这种情况眼光与面部表情不同，一般人们说脸上在笑、心里在哭的人正是这种类型。他们纵然满怀敌意，但表面上却要装出谈笑风生，行动也落落大方。

他们之所以要这样做，是觉得如果将自己内心的欲望或想法毫无保留地表现出来，无异于违反社会的规则，甚至会引起众叛亲离的现象，或者成为大众指责的罪魁祸首，恐怕受到社会的惩罚。

因此可见，观色常会产生误差。满天乌云不见得就会下雨，笑着的人未必就是高兴。很多时候人们把苦水往肚里咽着，脸上却是一副甜甜的样子；与之相反，脸拉沉下来时，说不定心里在笑呢！

柏拉图型的同事

柏拉图是古希腊的一位著名哲学家，他认为精神境界是完美无瑕、至高无上的。柏拉图型的人，通常被人们称为内秀型。这种人非常腼腆、敏感、聪明，往往给人一种清高的感觉，甚至有的时候看起来十分傲慢。

柏拉图型的人颇具诗人气质，在和异性相处的时候，总是把异性理想化，热衷于和对方进行精神交流，觉得自己和对方的关系，就像圣洁的彼岸那样甜美、纯洁。柏拉图型的人擅长用文字来表达情感，他们的感情非常细腻，就像肖邦的小夜曲一样。可是，柏拉图型人的精神境界常常不能得到同事的真正理解。

看来，柏拉图型的同事常常会有孤独和寂寞感，经常会自暴自弃、缺乏自信心，觉得自己在生活里很软弱。结果，他们常常陶醉于诗一样的幻境之中。

关云长型的同事

关云长也就是《三国演义》里的关羽，关云长和刘备、张飞三人自从桃园结义以后，就始终忠贞不贰。

当他和刘备分散的时候，寄住在曹操处，曹操对关云长的才干和为人从心底里佩服，所以对他的照顾简直无微不至，而且还厚赏关云长，关云长那匹闻名天下的赤兔马就是曹操赠送的。

可是，关云长是一个威武不能屈、富贵不能淫的英雄豪杰，不管曹操对他多么深情厚谊，也没有为富贵所动，一心只想着去帮助自己的生死之交刘备。甚至刚一听见大哥刘备的消息以后，就什么都顾不上了，冒着过五关斩六将的巨大风险，投奔贫贱时的至交刘备。像这样的人怎能不被人们敬仰、崇拜呢？到了现在全国各地还保留着许多关帝庙。

而对于曹操的知遇之恩和深情厚谊，关云长也没有恩将仇报，在赤壁之战的时候，曹操处于生死危难的紧急关头，关云长没有忘记旧恩，顶着杀头的大罪，放曹操一条生路。

由此可见，像关云长那样的人，并非一直都非常聪明，脑子也有不灵活的时候。然而，关云长型的人重情感，只要认定了，一生都不会反悔，感情非常专一，可谓忠贞不贰。

关云长型的人不管对同性同事还是对异性同事从来都不会轻浮，很少拿势利眼来看待同事。尽管关云长型的人有时也会注重外在形式，那是因为他们觉得为人应该举止稳重、端庄大方。

把剩下的话吞下去：没有自信的人

这类同事是属于对自己没有自信的人，对自己没有信心，对人际关系更没有信心。从他们的心态上来讲，话讲到一半就被人打断，甚至转移话题，这是非常不尊重他们的表现。他们觉得受这样的侮辱是很见不得人的，所以尽可能地把话吞进去，而且还希望大家不会注意到他们，就当作没讲。这是一件很令他们难过的事，而他们是那种受气也不吭声的人。

等对方说完：沉得住气的人

这种同事是那种话不说完心里不舒服的人。一旦有人不尊重他们，打断他们的说话，他们就等对方讲完，再接下去讲。从这点可以看出，他们是一个很沉着稳重的人。虽然他们知道对方不尊重他的发言权，但他们又不便当面翻脸，只好耐心地等对方说完，再以很有君子风度的样子继续讲完。一来可以避免话没讲完的尴尬，二来可以给对方一个教训，他懂得很好的制敌之术。

跟对方抢着讲：一触即发的人

他们是那种经不起侵犯，一触即发的人。他们的脾气不好，一旦有脾气上来，压也压不住，就会直接爆发出来。所以，如果对方恶意打断他们的话，他们会不甘示弱地扯高嗓门，要和对方拼一拼。他们的性格是一条肠子通到底的，凡事不三思而行，很容易闯祸，也很容易掉进敌人的圈套中。

马上要求对方尊重他：盛气凌人的人

这种同事气势凌人，颇有领导人的架势，在他们讲话的时候，不许别人插嘴或打断，否则他们不会坐视不管，会当面警告对方，要尊重他们的发言权。他们的性格是很主观的，而且是以自我为中心的人，他们想做的事，就会按照自己的意思来做，不容许别人干涉。一旦有人干涉，他们会毫不客气地提出纠正，这除了要有很大的自信外，也要有很大的勇气和实力，你这种直接响应对方的做法，很容易和对方起冲突。

识别职场中同事的类型

学会与人相处，可以让你少走弯路，尽早成功。其实，每一个人要取得成功，仅有很强的工作能力是不够的，你必须两条腿走路，既要努力做好自己分内的工作，又要处理好人际关系。

事实上，由于文化程度、兴趣爱好、家庭背景以及观念的差异，我们所遇到的人也就各种各样、形形色色。倘若你明白对方属于哪种类型的人，对症下药，见机行事，交流起来就容易多了。哈佛大学公关学教授史密斯·泰格总结了在职场与各种人相处的种种类型。

1. 无私好人型

这种同事因为他们确实是天底下最善良的人，所以也就往往容易被人忽略，他们不会坏你的事，所以你可能也会忽视或者拿他们不当一回事。如果那样的话你就错了，其实他们才是你可以真心相处的朋友。办公室里无友谊的论断，只有在这些人身上才会失去意义。

2. 固执己见型

这类同事一般观念陈旧，思想老化，但又坚决抵制外来的建议和意见，自以为是、刚愎自用。对待这种人，仅靠你三寸不烂之舌是难以说服他的。你不妨单刀直入，把他工作和生活中某些错误的做法一一扩大列举出来，再结合眼下需要解决的问题提醒他将会产生什么严重后果。这样一来，他即使当面抗拒你，内心也开始动摇，怀疑起自己决定的正确性。这时，你趁机摆出自己的观点，动之以情，晓之以理，那么，他接受的可能性就大多了。

3. 傲慢无礼型

这种同事一般以自我为中心，自高自大，常摆出一副盛气凌人、唯我独尊的架势，缺乏自知之明。和这种人打交道或共事，你千万不要低三下四，也不要以傲抗傲，你只需长话短说，把需要交代的事情简明交代完就行。如果求他办事，那就另当别论了。

4. 毫无表情型

这种同事就算你很客气地和他打招呼，他也不会作出相应的反应。按心理学中所说，叫无表情。无表情并不代表他没有喜怒哀乐，只是这种人压抑住了激情，不表露出来罢了。所以，对于这种人，你无须生气，只需把你想说的继续往下说，说到关键时刻，他自然会用言语代替表情。

5. 沉默寡言型

这种同事一般性格内向，不善言辞与交际，但并不代表他没话说。和他共处，你需要把谈话节奏放慢，多挖掘话题。一旦谈到他擅长或感兴趣的事，他马上会"解冻"，滔滔不绝地向你倾诉起来。

6. 自私自利型

这种同事一般缺少关爱，心里比较孤独。他永远把自己和自己的利益放在第一位，你要他做些于己不利的事，那你便难于和他沟通了。和这种同事相处，你必须从心灵上关注他，让他感受情感的温暖和可贵。

7. 生活散漫型

这种同事缺乏理想和积极上进的心，在生活中比较懒惰，工作上缺乏热情。和这种同事相处，你只有用激将法把他的斗志给挖掘出来。

8. 深藏不露型

这种同事自我防卫心理特强，害怕你窥视出他内心的秘密，其实，这是一种非常自卑的表现。你想了解他们的为人和心理，不妨和他们坐在一起多喝几次酒，他会酒后吐真言。

9. 行动迟缓型

这种同事一般思维缓慢，反应通常迟钝。他做朋友可以，和他共事，就不是理想的搭档了。

10. 草率决断型

这种同事乍看起来反应敏捷，常常在交涉进行到高潮时，忽然作出决断，缺乏深谋远虑，容易判断失误。和他相处最好的办法就是经常给他泼泼冷水，让他保持清醒的头脑，不能感情用事草率作决定。

11. 搬弄是非型

这种同事与前一种类型的人相比有质的不同。他们可能嘴也不愿闲着，到处打听其他人的隐私，并乐于制造、传播一些谣言，企图从中获得些什么。而且，在他们的心中，任何人都不在话下（领导除外），而他们自身却没有什么所长。这种人让你讨厌，但他们并不可怕。所以，你也不必如临大敌，与他们计较。只要他们说的构不成诽谤，又能伤着你什么呢？

第二章

品质比能力重要，解读
下属微行为见其本性

领导看识下属的三原则

用人的首要前提是一定要会"识人"。

中国自古以来就有识人术，识人的基础是对人心理的判断，与现代的心理学研究的问题有相通之处。

汉高祖刘邦年轻时做客吕公家，吕公见刘邦相貌奇特，当时就决定将唯一的千金许配给他，那就是后来也闻名一时的吕后了。

三国时的桥玄，初见曹操便直断其有安百姓的才能。桥玄观察曹操的一言一行，心中便已明白此年轻人不简单，因而也就给了很高的评价："卿治世之能臣，乱世之奸雄也。"是说曹操在太平无事的时候可以当一个能干的大臣，而在生逢乱世的时候能成为世间的奸雄。据说曹操"闻言大喜"，认为桥玄是了解自己的人。而后来事情的发展也充分地证实了桥玄的预言。

三国时，魏国的刘邵写了一本《人物志》，这里边将人分了很多类型，并分别加以不同的分析，探测不同的实质，其中有一篇《八观》提供了识人的 8 种方法和观点，用以观察各种人的才性，颇有参考价值。

识人，不是一般的看人，要做好识人这一步，需要坚持一些原则和运用要领的。至少要掌握 3 个原则：

1. 从外部表现看内部实质

识人当然是从人的外部表现开始，但是却不能停留在外部表现，而要从一个人外在的表现来看出他（她）内在的品性，这样做方是正确的识人之道，然而这都实在不是一件简单的事情。

人的外在表现一般包括人的精神面貌、体格筋骨、气质色相、仪态容貌和言行举止等。《人物志》共列出了九征，分别为神、精、筋、骨、气、色、仪、容、言，根据这 9 种外在的表征，可以看出一个人所具有的性情，从而了解他（她）的陂平、明暗、勇怯、强弱、躁静、惨怿、衰正、态度、缓急，等等。

《人物志》所采用的十二分法，把形形色色的人，根据性情归纳成 12 种不同的类型，通过进一步分析其利弊，便可以为知人善任提供有力的参考。

2. 由显著表现看细微个性

我们做事情的原则，在于由小见大、由微见著。但是识人的要领，则正好相反，而在于由显见微。

　　有些人常常东张西望，心浮气躁，有些人则安如泰山，气定神闲。前者的表现，往往是拿不定主意、犹豫不决的人，而后者则很可能是临危不乱的高人。要从这些人所具有的明显特征中看出其细微的性格特征来，则并非是一件容易的事。这尤其需要领导有丰富的经验，广博的学识和敏锐的观察能力。要深入进行了解，从他（她）的一举一动、一言一行的细微动作方面来研究和考证他（她）的修为和言行。只有这样，老板识人才不至于犯错误而看错人。

3. 认识共同点，辨析不同处

　　人看来看去，似乎只有那么几种类型。然而只要再细加分析的话，那么也不难发现，其实同一类型的人，往往又具有各自不同的性情。从这些不同的差异中看出其共同的本质，还要从共同中发现各自的差异，也是极为必要的。

　　因为这种差异也往往不能忽视，甚至会造成不同的后果。例如，历史上的王莽和诸葛亮有很多相同的地方，但结果王莽篡位，而诸葛亮则为蜀国鞠躬尽瘁，死而后已。

　　同样都是干事积极，劲头十足，有些人只是在瞎胡闹，看上去忙忙碌碌，其实什么成绩也没有。而有些人则卓有成效，一件一件的事情都安排得井然有序，成绩斐然。同样都是能言善道，有些人只是在空口说白话，虽然口若悬河，滔滔不绝，但只要真把什么事情交给他（她），则不会有什么好结果。而另一些人则说话算数，说到做到，办起事情来相当的可靠。

　　有人往往缺乏定性，一会儿东，一会儿西，令人捉摸不透。对于这种人，最好不要信任他（她），否则也只能是自吞苦果。作为领导，千万不要期待完美无缺的人，这无论在理论上还是现实中都是行不通的。领导用人，贵在知人长短，取其所长，避其所短，这样才能让每个人都能够充分发挥他（她）的才能，为公司作出最大的贡献。

领导要学会看人之道

这里有一个典型的事例。

李德裕少时天资聪明，见识出众。他的父亲李吉甫常常向同行们夸奖李德裕。当朝宰相武元衡听说后，就把李德裕招来，问他在家时读些什么书？言外之意是要探一探他的心志。李德裕听了却闭口不答。武元衡把上述情况告诉给李吉甫，李吉甫回家就责备李德裕。李德裕说："武公身为皇帝辅佐，不问我治理国家和顺应阴阳变化的事，却问我读些什么书。管读书，是学校和礼部的职责。他的话问得不当，因此我不回答。"李吉甫将这些话转告给武元衡，武元衡十分惭愧。对此，便有人评论说："从这件事便可知道李德裕是作三公和辅佐帝王的人才。"长大以后，李德裕真的做了唐武宗的宰相。

智慧之人会从扑朔迷离中判明真实情况，这种方向感有助于在实际的处事中保持清醒的头脑和敏锐的眼光，从而洞察事情的本质。这是领导者必具的才能，又是领导者选人应着重参照的一个重要因素。

有勇，诚是可嘉；有智，实也难得，但要有大智大勇之才，更是不易。领导者若能识出大智大勇之才并加以任用，必然会给自己的事业带来巨大的帮助。因为智勇双全之才，一方面有过人的谋略，在办事之前定经过一番周密的算计，对以后的行动有全面的指导；另一方面，还有敢于拼搏敢于进取创新的勇气，而这一方面往往又是许多人才所欠缺的。

南北朝时，北齐的奠基人高欢为测试他的几个儿子的志向与胆识，先是给他们每人一团乱麻，让他们各自整理好。别人都想法整理，唯独他的二儿子高洋抽出腰刀一刀斩断，并说："乱者当斩。"高欢很赞赏他的这种做法。接着，又配士兵给几个儿子让他们四处出走，随后派一个部将带兵去假装攻击他们，其他几个儿子都吓得不知怎么办，只有高洋指挥所带的士兵与这个将军格斗。这个将军脱掉盔甲说明情况，但高洋还是把他捉住送给高欢。因此，高欢很是称赞高洋，对长史薛淑说："这个儿子的见识和谋略都超过了我。"后来高洋果然继承高欢的事业，成为北齐的第一位皇帝。高欢以是非识人，确实成功，而高洋也以自己的大智大勇成就了一番霸业。

运用沟通的方式来了解下属

人与人之间、人与组织之间的冲突、矛盾既然不可避免，为了向有利的方面转化，领导就有必要学会协调的手段，而协调的基本途径是通过沟通去进行。一般而言，沟通主要有以下两种形式：

1. 正式沟通

正式沟通是通过组织明文规定的渠道进行的信息的传递和交流。如贯彻上级精神的会议，或者下级的情况逐级向上反映，等等，都属于正式的沟通。正式沟通的方式有很多，按沟通的流向来划分，有三种具体方式：上行沟通、下行沟通、平行沟通。

上行沟通，是指下级的意见向上级反映。其作用是将职工愿望反映给领导，获得心理上的满足，从而激发他们对组织的积极性和责任感；领导者可以通过这种沟通了解职工的一些情况，如对组织目标的看法、对领导的看法以及职工本身的工作情况和需要，等等，使领导工作做到有的放矢。职工直接和领导者说出他的意愿和想法，是对他精神上的一种满足，否则，就将怨气不宣，胸怀不满，或者满腹牢骚，自然会影响工作。

领导人应鼓励下属积极向上级反映情况，只有上行沟通渠道通畅，领导人才能做到掌握全面情况，作出符合实际情况的决策。要做到这一点，领导者要平易近人，给大家提供充分发表意见的机会。如经常召开职工座谈会、建立意见箱、实行定期的汇报制度等，都是保持上行沟通渠道畅通的方法。

下行沟通，主要是指上层领导者把部门的目标、规章制度、工作程序等向下传达。它的作用有三个，一是使职工了解领导意图，以达成目标的实现；二是减少消息的误传和曲解，消除领导与被领导者之间的隔阂，增强组织团结；三是协调企业各层活动，增强各级的联系，有助于决策的执行和对执行实行有效的控制。

为使下行沟通发挥效果，领导者必须了解下属的工作情况、个体兴趣和要求，以便决定沟通的内容、方式和时机，更主要的是，领导者要有主动沟通的态度，经常与下属接触，增强下属对领导者的信任感，使其容易接受意见。在下行沟通的同时，要听取下属的意见，必要时根据下属意见作出改正，以增强被领导者的参与感。

平行沟通，是指部门中各平行组织之间的信息交流。在单位中各部门之间经常发生矛盾和冲突，除其他因素以外，相互之间不通气是重要原因之一。平行沟通能够加强组织内部平行单位的了解与协调，减少相互推诿责任与扯皮，从而提高协调程度和工作效率，同时还可以弥补上行沟通与下行沟通的不足。因此，保证平行组织之间沟通渠道的畅通，是减少各部门之间冲突的一项重要工作。

2. 非正式沟通

非正式沟通是指在正式沟通渠道以外进行的信息传递和交流。如单位职工之间私下交换意见，议论某人某事以及传播小道消息等。

这种非正式沟通，是建立在组织成员个人的不同社会关系上。如几个人的年龄、地位、能力、工作地点、志趣、际遇以及利害关系的相同，等等，他们之间频繁地接触，交换各种信息，形成一个非正式团体。因此非正式沟通的表现方式和个人一样具有多变性和动态性。因为是个人关系，就常有感情交流，因此还表现为不稳定性。这种交流久而久之，就会产生非正式团体首领。从管理的角度看，这种非正式的意见沟通，乃是出于人本来就有的一种相互组合的需要，而这种需要若不能从组织或领导者那里获得满足，这种非正式的结合要求就将增多。

非正式沟通往往有这样几种倾向：容易变成一种抵抗力量；因其不负责任，往往捕风捉影，以讹传讹，产生谣言；有时会钳制舆论，再加之冷嘲热讽，歪曲真相，孤立先进，打击进步；往往因为众口铄金，甚至法不责众，因而影响工作；这种沟通的非正式领袖，往往利用其影响，操纵群众，制造分裂，影响组织团结。

由于非正式沟通多数是随时随地自由进行的，它的内容是不确定的，沟通的方法也就千变万化。它掺杂感情色彩或个人因素，或捕风捉影，或节外生枝，或望文生义，一传十，十传百，以讹传讹，正如通常所说："锣敲三锤必变音，话传三遍定走形。"

要想杜绝或堵塞这种非正式沟通是不可能的，只能尽量减少或巧妙地利用它，以达到以下目的：

预先做好某种舆论的准备，获得非正式组织的支持，促进任务的完成；

事先做好决策前的准备工作，征求下属的意见，即使是反面意见也好，借以纠正工作的偏向；

传递正式沟通所不愿传递的信息，如对某些恶意传言的警告等；

把领导的意志变为群众的语言，起到正式沟通的作用，实现领导的目的。

如何对待下属的讨好

现实的社会是一个人情的社会，人们往往把人情看得过重，所以总有些人会不断登门拜访上司。当然，不可否认这里面有着某种不可告人的勾当，但是，是否全是如此呢？

有一位校长，为人正直善良，对社会上的"请客""送礼"之风深恶痛绝。一天，一位学生家长找上门来，想为自己的孩子开一张转学证明。因为他们老家在无锡市，孩子的户籍也在那里，夫妻两人都在外地工作，家中两位老人年岁已大，无人照料。所以他们想把孩子的学籍转回无锡，在爷爷奶奶身边做个伴。

校长一听，理由很合理也很充分，二话不说，立即给他们办了。

那名学生很顺利地转到了无锡。于是，这年中秋节，家长送来了两盒精致月饼外加一袋茶叶。校长一见，惊慌失措地说："都是熟人熟事的，不许来这个，再说我的禀性你又不是不知道。"

但家长再三解释："爷爷奶奶见孙子过去了都非常高兴，也要我们表示感谢。"

而校长坚决不收："你们的情我全领了，但是礼物我坚决不能收。"

"这算什么礼呀，这只不过是我们的一份心意罢了。"

家长执意要送，而校长呢，坚持不受。纠缠再三，最后还是没能拗过那位校长，家长只好把礼品带了回去。不久，校长发现：以前他们见面时说长道短，挺热乎的，但现在反而淡了，迎了面也只是做个程序性的对答。校长大惑不解，事后经过打听他才明白，错在没收下那份礼物。

那位家长事后对别人说："真没想到这么不给面子，不知道我那双脚当时是怎样跨出他家门槛的。"

这件事教育了那位校长。他终于明白了：有时候，人们以礼相赠并非有求于你，而是发自内心的一种感情，这种感情是人间最宝贵的。

时隔不久，还是这位校长，下班回到家正上楼梯时，楼下的大婶跑上来递给他一把青菜，热情地说："我兄弟自己家种的，尝尝鲜吧！"这次，这位校长破例收下了，还不住地夸道："多好的菜，真嫩！怎么种出来的，谢谢啦！"

事后几天，那位大婶看见校长老远就亲切地打招呼，两家之间的关系无形之中融洽了很多。

其实，在生活中，下属给上司送点小礼物，只要不是特别珍贵或价值特别大的东西，你就不妨收下。因为，在我们这个讲究礼仪的国度，你为他人出力了，他过意不去总想寻个方式表达一下，当他感觉用语言太苍白时，便会以物代情。你大可不必太敏感，并非每个人都存有非分之想。

但是对于那些不思进取指望靠讨好上司获得升迁的下属，管理者应该提高警惕。现实中也的确有不少被奉承得昏了头脑的领导，把升迁的制度变成了党派之分，谁对他毕恭毕敬、阿谀奉承，就等于佩服他，因而他就对这种人恩宠有加，大加赞赏和关爱。无疑，这种"领导人风范"更助长了阿谀之风的盛行。

但是，明智的领导则不会这样做，他不会中这种圈套，也许他反而会对喜欢拍马屁奉承的那些下属感到十分鄙视和厌恶。

管理者首先应当保持清醒的头脑。哪些是实事求是的评价之辞，哪些又是阿谀奉承之辞；在阿谀奉承之中，哪些人是出于真心而稍稍过分地赞美几句，哪些人又是企图通过奉承领导而达到自己的某种企图；哪些奉承之辞中含有可吸取的内容，哪些奉承话都是凭空捏造、子虚乌有，等等，诸如此类。对于这些绝不能糊涂。

领导者要对付阿谀奉承者，以下三方面权作参考。

（1）对待专门溜须拍马奉承领导而毫无能力可言的人，方法最简单——请君走人就是了。

（2）对于能力一般而有些奉承爱好的员工，最好给他找个合适的位子，让他闲待着算了。

这类人不好简单辞掉，因为他还有一定能力，可也不能委以重任，因为他不仅能力平庸，还爱溜须拍马，委以重任的话，迟早会坏了你的大事。在你的单位中要做到人尽其才，不光指有效地利用人才，也指使用这些能力一般而又有某些毛病的人。而且，这类人在有的时候还为数不少，是一支不可忽视的力量。

对于这类人应注意批评教育，并采用不同的方式、方法。要耐心，不能急于求成，因为他们这种毛病的养成也不是一朝一夕的事，改正起来也一定不容易。在这个时候，你要格外注重策略，注意态度，争取从根本上扭转他们的认识，改正他的毛病。

（3）对于那些确有较强能力却也喜好溜须拍马的人，你一定要小心对待，因为这些人可是些巨型"炸弹"，弄不好会造成极大麻烦。

对待这种人，首先你要依据他们实际能力而委以相应的职务。起码在他们的眼中，你不能成为不识才的领导者。这影响着他们干工作的热情，而且也带动着一批人。

也许有些较有能力的人，他们看不到这类人的阿谀奉承，而只看到了他们的才华，并同时盯着你的行动。如果你不能给有奉承喜好的这类人以相应职务，其他那些持观望态度的有能力者就会离你而去。尽管这些人看问题不够全面，但他们确实走了，无可挽回。

巧妙应对"难缠"的下属

领导的下属绝不可能个个都讨领导喜欢，也决非个个下属都满意领导的决策、措施及领导风格。这是因为各个下属的个性不同、需要不同、思维的角度也不同。领导在处理与下属之间的交往时必须认真研究、分析各个下属的个性特点和需要，特别是对那种难缠的下属更需要下工夫，认真研究、分析难缠下属的类型及特点，有助于领导与下属之间的和谐交往，从而促进工作的顺利开展。

难缠下属较为突出的类型有以下 6 种：

第一种为自私自利型。这种类型的下属总是以自我为中心，不顾及别人。一事当前，先替自己打算，往往因自私自利而损害别人，制造是非，稍有不如意，则怀恨在心，视他人为对头。

第二种为争胜逞强型。这种类型的下属狂傲自负，自我表现的欲望很强，喜欢证明自己比领导有才能，经常会轻视领导，讥讽领导，设置让领导下不了台的场面。其目的是想炫耀自己高人一等，满足自己的虚荣心。

第三种为性情暴躁型。这种类型的下属性情偏执，干事常出差错，对别人的合理建议总认为是批评，不虚心接受善意的规劝和指点，好冲动，稍有不如意就会发火。一般修养较差，蛮横无理。办事大多没有章法，喜欢胡乱应付了事。虽然虚荣心强，但讲信用。

第四种为自我防卫型。这种类型的下属精神脆弱、敏感，疑心重，最怕领导对他有坏的看法。常常看领导的眼色行事，自主意识不强；处理事务时，谨小慎微，越怕出错越出错。

第五种为阴险狡诈的人，属于卑鄙的小人，他为了自己的利益，什么损事都能做得出来。他采取各种手段，骗取上司的信任，逐步夺取上司的权力，最终完全取代上司。他们常想方设法骗取领导者的信任。小人为了骗取领导者的信任，可以不顾廉耻，不讲道德，不惜代价，不择手段。坑、蒙、拐、骗、吹、拍、抬、拉、吃、喝、嫖、赌、苦肉计、连环计、反间计、美人计，全都使得出来。

第六种为自作聪明型。这种类型的下属往往不能彻底贯彻领导的意图，老是帮一些倒忙。他总认为自己的主意要比领导的高明，在执行任务的过程中自作主张，改变领导的意图。对于这样的下属，领导虽然气愤，但又不好意思骂他。因为这会使他以后不帮你，并对你反感。

领导者遇上这 6 种类型的难缠下属就要视不同类型采取相应的方法对待。

1. 对待自私自利型下属

（1）满足其合理要求，让他认识到领导绝没有为难他，该办的事都竭力办了。这需要领导循循善诱，不断开导，讲清道理，让他在思想上有一个正确的认识。

（2）拒绝其不合理要求。领导者可借题发挥，委婉摆出各种困难来拒绝，或者拿出"原则"这张王牌给以拒绝，让他不存非分之想，切忌拖延轻诺。

（3）办事公开。把工作计划、措施、分配方案等公之于众，让下属监督，充分利用制度管人，让制度去约束这种人。这样有益于避免他没完没了的纠缠。

（4）对这种下属，作为领导应尽量在各方面做到仁至义尽，还可以带动他关心别人，从自私自利的狭小天地中走出来，不断陶冶情操。

2. 对待逞强好胜型下属

（1）领导遇上这种下属不必动怒，应把度量放大些，表现出宽广的胸怀，静静地倾听他们的心声，不能采用压制的方法对待。这种下属是越压越不服，反而会加深矛盾。

（2）面对这种下属，领导不要因他的狂傲自负而显出自卑，应该泰然处之，做一个心里有数的领导。但确属领导的不是，领导应坦然承认，予以纠正、弥补，让领导的谦虚感动下属，让下属受到启迪。

（3）领导应认真分析、研究这种下属的真正用意。如果下属是怀才不遇，那么作为领导，就应为之创造条件，让他的才能有施展的地方。可多安排些强度高、满负荷的工作给他去做，他的傲慢就会在工作中淡化。如果是那种爱吹毛求疵又无能的下属，就严肃地点破他，甚至可进行必要的批评，让他改变作风，尽心尽力地工作，心态平和地待人处事。

3. 对待性情暴躁型下属

（1）不要忘记随时赞扬，哪怕是微不足道的小事。通过赞扬会使这种下属的虚荣心得到满足，自大、过激的成分会慢慢地减少，便于开展工作，促进交往。

（2）领导不要讥讽、挖苦这类下属，否则会引起"战火"。对其不良行为和缺点不宜直接否定，可委婉、幽默地谈出来，这样下属易接受，又会慢慢地吸取教训。

（3）对这种下属，领导应多关心他，帮助他，既讲原则，又注重感情，让他从心底里敬佩领导，视领导为知己，忠于职守。

4. 对待自我防卫型下属

（1）领导要尊重他的自尊心。在谈话时要慎重，谈话中不要随便夹杂有轻视他的才干之词，对他的努力和成绩多肯定，少否定；否则，就会伤害他的自尊心，从而产生灰心失意的情绪。领导与这种下属相处，更要显得和蔼可亲，保持平静的气氛。

（2）与这种下属在一起，领导不要轻易议论别人，指责别人。如果这样，他会认为领导也会在背后当着别人的面指责他，此心理一增强，会在与领导的交往上设下"安全带"。这样对开展工作和人际关系的发展都不利。

（3）当这种下属有困难时，领导应多帮助，少提建议。如果领导老是提建议，下属就会产生一种压迫感，会觉得自己什么都不行。

5. 对付阴险狡诈型下属

第一，应"防"。阴险狡诈的人，善于背后施坏、暗里插刀、放冷箭、打黑枪，让你拿不准他什么时候给你一脚，而且小人之脚往往阴狠毒辣，上司若是防备不及，则必遭大劫，落得身败名裂，后悔莫及。作为上司，为了不至于遭阴险狡诈的下属暗算，还是首先防范一下为好。

第二，要明辨是非，不偏听偏信，小人皆是口蜜腹剑，嘴上甜甜蜜蜜，心里却暗藏祸心，这正是其阴险狡诈之处。对付这样的下属，要洗净耳根仔细听，要善于听，要善于抓住话的关键。认真思考分析他说话的目的。凡事应三思而后行，只要做到知己知彼，就能百战不殆。

第三，放长线，钓大鱼。小人一般都有得志便威风的毛病。有道是："子系中山狼，得志便猖狂。"所以，对付阴险狡诈的下属有时也可以用欲擒故纵的方法，"放长线，钓大鱼"：先假装不知，让其尽情表演，等他原形毕露时，再巧妙揭穿他罩在脸上的虚伪狡诈的面纱，不给他容身之地。

第四，以其人之道，还治其人之身。阴险狡诈之徒善于揭人伤疤，在你最怕尴尬或不应该丢人的时候，让你尴尬，让你出丑。你不要生气，你可以在适当的时机也揭他一把，把他丑恶的行径抖搂出来，让大家认清他的丑恶嘴脸，让他也尝尝难堪的滋味。

6. 对付自作聪明型下属

对付自作聪明的下属，不能直接骂他，只能采取"软招"

的攻术。首先，多谢他们的诚意和帮忙，从正面肯定他们帮忙的价值；之后再从侧面解释一下他们犯的错误，最后再为他们的错误找个台阶下，甚至可以在最后把错误归在自己身上，是自己解释不全，才会累他白花精力，相信他也会十分轻松地接受意见。

其实，只要适当引导，自作聪明的员工不难训练为有用的员工，所以不要放弃他们，这些人可能是公司重要的资源。

管仲如何识破下属之心

管仲是齐桓公的宰相，他当宰相期间，实行了一系列的强国政策，使齐国成为春秋时代最富足、最强盛的大国，称霸诸侯。

管仲死后约九十年孔子才出生。管仲是思想家的大前辈，他跟其他思想家不同的地方，在于自己实际参与了政治，所言所行，无不合乎实际，绝非空言而已。

他在齐国，能够顺利推动强国政策，说穿了，是得力于他的"识人有术"。由于有了知人之明，用人得当，政治上的一切措施，都能按照他的道理想，逐一推展，齐国才能一跃成为当时的霸主。

管仲在《管子》一书里的"形势篇"中详述了他独特的人物鉴定法，他那一套"识人术"，在数千年之后的现代企业里仍然可以适用，下面我们就逐一加以说明。

1. 訾之人，勿以与任大

"訾之人"，意思是妒心强烈的人。全句的意思是说，莫把大任交给妒心强烈的人。

为细小之事就妒意大起，绝对无法用公平的眼光观察对方，对部属也容易有所偏袒。

这是很严重的性格缺陷，因此，只要嫉妒心强烈的人，任他才高八斗，也不能让他处理要务、位居高位。

嫉妒心强烈的人，往往为了微不足道的事而怀恨在心，甚至伺机报复，或是背叛你，是属于不能不有所防备的人。

2. 巨者，可以远举

"巨者"，意思是说，会拟定远大的计划，把以后的发展看得清楚的人。

这种人，可以跟他共策大计或赋予重任。

只图近利的人，只能用他于不影响大局的事，有先见之明的人，就可以放心地举荐，让他独当一面，发挥他的长处。

3. 顾忧者，可与敬道

能够时常回顾过去，检讨自己所做的事到底是好或者坏，这么有责任感的人，可以让他担任要职。

对自己做过的事，从不回顾、反省，表示他是个对自己不负责任的人。把重要职位给这种人，一定会把整个单位弄垮。

4. 其计也速，而忧在近者，往而勿也

急功近利者，不管计策的可行与否，这种人必须疏远他。

时下的商场，多的是这种人。年轻员工之中，这种性格的人也愈来愈多。这是不堪重任的性格之一，有志于创大事业的人，应该及早改正这种坏习惯，否则前途多难有大成。

5. 学长者，可远见也

有先见之明、能追求长期利益的人，是属于大器晚成型。

从某个角度来看，这种人好像不够机灵，但是，这是稳健带来的结果，对这种人必须以长期的眼光看他。

一般看来机灵透顶，但是只知追逐近前之利的人，往往给人聪明至极的印象，一般求快速效果的老板，似乎也欣赏这种人才，其实，只求快速之利对一个企业并非好事，该重用的应该是重视长期利益的"晚成型"的人才。

6. 裁大者，众之所比也

能够实行大计的人物，必然受大众敬重。公司之行大计，国家之行大计，无不需要有识之士，所以，要实行大计就非重用勇于行事的人才不可。

7. 美人之怀，定服而勿厌也

意思是说，判断一个人是不是大人物，绝不能以眼前之功为依据。

好比说，派给一个部属做一件事，当他做好了，就此断定："他是个了不起的人才。"这么贸然下评语，未免太大意。

一个人才，必须长期观察他，才能透彻了解他真正的为人，真正的能力。

这句话是管仲"人物鉴定法"里的基本精神。他注重的是：不能只看表面，应该透视到一个人的里层。

鉴定人物不能只以长相、生辰月日来判定，它需要复眼式的长期观察。

在现代社会里，选择朋友也好，起用干部也好，这句话都该当做座右铭。

8. 必得之事，不足赖也

动不动就说"这种事太简单了"，对这么易下评语的人，不能寄予信赖。

企业里的员工（包括干部）中就有不少这样的人，愈容易轻下评语的人，愈容易把事情弄糟。相反的，慎重下评语的人，则大多思考周密，有责任感。赋予重任，当可不负所望。

9. 必诺之言，不足信也

"这种事交给我办，保证做得又快又好。"如此轻诺的人，绝不能随便相信。

现代社会里，就有不少这种"轻诺型"的人。当你听信其言，交给他办，八成都会一拖再拖，或是使计划胎死腹中。

如果你催他快点做完，他就搬出一大堆的理由为自己辩解。

这些人在事情无法如期完成，或是做得不顺利的时候，总是振振有词地叙说这类的理由，一副"错不在我的样子"。

10. 小谨者，不大立

拘泥细节的人，难有大成，因为，他只会钻牛角尖，忘了掌握大局。

韩非在《韩非子》这本书的"十过篇"中也提到类似的一句话，那就是："顾小利，则大利之残也。"（只顾小利的人，必定损失大利。）

11. 食者，不肥体

偏食的人，身体绝不会长得结实。同理，偏执一方的人，绝难成功。

从事任何工作，都不能偏执一方，有这种缺点的人，脑筋再好，也不能重用他。

12. 有无弃之言者，必参之于天地也

出语绝无废言的人，即使把天下交给他治理，仍可以放一百个心。

饶舌多嘴的人，即使自己很小心，也会在无意中泄露秘密。人最好是不多言，但一发言就一针见血。

跟任何人来往，都能谨言慎行，语无赘词，这样的人值得信赖，可以委以重任。

上面介绍的就是管仲"人物鉴定的评价标准"，虽然从他那个时代已历数千年，这些评价标准在现代企业里仍可以通用。

管仲特别强调：没有责任感、私人感情太强、轻诺、偏于细枝末节的人，绝不能置于重要职位。

时下的企业，在起用经理之类中坚干部的时候，都可以拿管仲的"鉴定标准"来衡量他们的统御能力，然后才决定

起用与否。

管仲还说过这样的话："怠倦者不及。无广者疑神。不及者在门。在内者，将假；在门者，将待。"

把它翻译成白话，意思是说："怠惰成性的人，策划任何事都会失败。一个人，如果能力之高有若神明，那也是孜孜努力的结果。这种有若神明的能力，是培养、贮存而来。那些从来不努力的人，只盼别人来支持，凡事有所依恃，处处赖人相助，做什么事都会忐忑不安。"

这就是说，怠惰之人不值得信赖，也不能起用。我们应该了解，有若神明的能力，也是一点一滴培养、蓄积下来的。

发现职场中的精英

耶稣曾对他的门徒说过："你们是这世上的盐。"这有两层含义：一是为人类这碗高汤提味；二是清洗人类社会腐烂的伤口，让他感觉到痛，是消毒。精英，曾作为一个知识群体、一种思潮、一个努力方向，而让人仰止崇拜。

俗话说真人不露相，实在是因为那些有真才实学者，信奉"达则兼济天下，穷则独善其身"的主张，他们不愿在人前卖弄斯文，而是将满腹经纶化为谨慎谦恭。相反，那些人前显圣、恃才放荡者，往往不一定就是真正的人才，故察人者不可不知。

凡是要考查一个人，当他仕途顺利时，就看他所尊敬的是什么人，当他显贵时就看他所任用的是什么人，当他富有时就看他所养的是什么人，听了他的言论就看他怎么做，当他空闲时就看他的爱好是什么，当和他熟悉了之后就看他的言语是否端正，当他失意时就看他是否有所不受，当他贫贱时就看他是否有所不为。还要使他喜欢，以考验他是否能不失常态；使他快乐，以考验他是否放纵；使他发怒，以考验他是否能够自我约束；使他恐惧，以考验他是否不变而能够自持；使他悲哀，以考验他是否能够自制；使他困苦，以考验他是否能够坚韧，等等。在职场中，一双慧眼可使人才聚于麾下，无往而不胜。

"人是公司最好的产品。"这种说法来自于日本著名企业家松下幸之助，他可称为是第一个看透人才价值的人。一般产品，对于厂家来说不过是换取金钱，而人这种特殊商品对于公司来说，除了创造价值之外，还能够激发出企业团结协作的巨大潜能。所以，有人说，愚蠢的商人花钱，聪明的商人用人。

因此，在职场中，无论是作为同志还是同事或者是下属，都要具有一双识人的眼睛，看清自己生存奋斗的环境趋利而避害，摆好自己的位置，才能够直面人生的风雨，做一个成功人士。在生活中，考查一个人才能的大小，往往要看一个人的工作方面，而才气的大小则因人而异。虽然工作分量很重，但是，只要有这个能力，就能轻易地完成。如果不具备做这份工作的能力，则只会把事情弄砸。所以，过量的工作如果交给才能小的人，一旦失败并不是才能小的人的错，是错在领导用人不当。

对一个人了解越深刻，使用起来就越得当。

第一次世界大战结束后，在法国军事学院学习的戴高乐上尉就预见"下一次战争将是坦克战"。他于1934年出版的《职业军队》和《未来的陆军》两本书中，又明确地提出精良的装甲部队将是未来战场上的决定胜负的主要突击力量。当时，法国统帅部对此不予理睬，而德国将军们却很重视。当时德国装甲兵总监兼任陆军参谋长的古德里安等根据《职业军队》提出的见解，创建头三个师的坦克部队。接着在第二次世界大战开始不久的1940年5月，他们便运用集群坦克攻击法国。法国只支持一个半月就俯首结城下之盟。为此，法国人痛心地说，"德国人赢得胜利，只花了15个法郎（指戴高乐那本书的书价）"。

荷叶刚刚露出水面一个小小叶角，早有蜻蜓立在上边了。好的人才一出现，就会被目光敏锐者所发现。

鉴于同样的道理，一个人的价值也不可全凭相貌或年龄来判断，而应该视才能而定。因此，一个人究竟是能成事或者不能成事，只要看他的才能就知道了。

所谓的精英人物，一般都具有如下的特点：

这是胸怀天下一类的豪杰人物。他们不但胸怀奇谋，智慧超群，更可贵的是他们有敢于行动的勇气和策略，能够机敏灵活地应对各种突变，而不会惊慌失措。

新颖的见解表现在创新、探索上，是可贵的创造性品质，现代企业将敢于提出并善于提出新见解的人，看得比仅有勤奋品质的人更重要。

不因循守旧，不墨守成规的人是最富有魅力的。面对超速运行的信息社会，按照既定模式办事的人，只会适应平庸的领导。不墨守成规之人到新的环境，会努力开拓视野，以适应现代社会产业结构的不断变化。

这类人具有挑战精神，不怕挫折和失败，明确自己的目标和意愿，顽强地奋争，去争取目标的实现。他们还有强烈的主体意识和主人翁态度，不能安于在指令下做一些不需承担风险和责任的工作，要有独立思考能力，不怕孤军作战，能独当一面，并有总揽全局的设想。

不是每一名精英都是成大功立大业的。但是，做人处事自有风格，不卑不亢、不急不躁是这类人的本色。

有了精英人才为部下，你应有自知之明。知道他终非池中之物，有朝一日定会超过你。这时你就要虚心地接纳他，给他有益的资助与肯定。这种做法在会计学上称之为"投资"，到时候一定会有利润的。

识破谄媚者的内心

善于讨好谄媚的人在社会的各行各业中都可以找到，这类人有一项基本特征：永不反对或驳斥上司的指示。谄媚的人，在香港被说成是"擦鞋仔"，在大陆被说成是"马屁精"，可见这类人纵横职场已多年了。

无论在什么场合下（私人聚会或公开会议上），谄媚的人只晓得做一种动作，点头同意上司说的每一句话。这类人内心有一份挥之不去的恐惧，那就是做出自己的决定。或许由于与通常的习惯有关系，这使他们连提出自己意见的能力也逐渐被遗忘或根本丧失了。在他们心里，只相信一种真理：同意上司的指令令上司对他有好感；而反驳上司的人只会造成不必要的麻烦。

爱谄媚的人总会有这样的念头：许多上司虽然口口声声表示自己很民主开放，乐于听取各方面的批评或意见，其实最讨厌下属指出他们的不是，因为这无形中已损伤了他们的权威。实际上，绝大多数上司都喜欢下属赞成自己的提议或想法。既然事实如此，那又何必下那么多无谓功夫，索性从一开始就点头到底好了。

爱谄媚的人不断找寻一位强有力的上司去保护他们。至于什么个人尊严，早已丢在九霄云外。他们最大的目标，就是使本身的"靠山"高兴，其他一切都不管。除非上司是一位典型的"昏君"，否则他绝不会培植爱谄媚的人做自己的接班人。因为这类人才除了懂得"拍马屁"之外，根本就缺乏主见，一无可取。

主管利用他们来替自己办些私人琐事倒是相当理想的，在这方面，他们定能办得妥妥帖帖。此外，由于他们全无主见，亦无真才实学，试问怎样可以登上高位，管理业务和人事呢？

这类型人之所以能够在公司内生存，乃是由于他们看透了人性的弱点（上司喜欢听奉承话），更加上他们奉承有术，才能风光一时。对付这类人，最适当的处置方法便是降他们级或调他们到另一部门工作，作为一种警戒。当然，只有精明的上司才会这样做。

常言道：害人之心不可有，防人之心不可无。上司对下属是否会拍马屁不那么放心，于是就采用各种各样的方法对部下进行考验。一旦发现蛛丝马迹便穷追不舍，搞得部下诚惶诚恐，不敢对上司有任何离经叛道之举。即使大家相安无事，掌权者仍不放心，还总想在平静的水中搅起一点波浪。于是，他们便采用各种手法对部下进行"火力侦察"，诱使对方误入他所设的圈套之中。这种诱使部下上当的手法，叫做"引蛇出洞"。

战国时期，子之做了燕国的丞相，为了测试部下的忠奸，有一次他坐在屋里装出一副很吃惊的样子，然后问手下人："刚才从门口跑过去的是什么，是不是一匹白马？"他的左右侍从都说没看见，只有一个平时爱拍马溜须的人跑出门外去追马，自然是一无所获，然后回来报告说："外面有一匹白马。"他哪里想到，这是子之用这种方法了解他手下的侍从中有没有讨好诌媚的小人，以便日后看清他的嘴脸。

识别具有潜质的部下

具有潜质的人则犹如待琢之玉，似蒙土的黄金，没有引起世人的重视，没有得到公众的承认。若没有独具慧眼的识玉者卞和，和氏璧是难以被发现的。

有时，事情虽然还没真正发生，迹象其实已经显露。如果不能从初期的迹象去掌握即将发生的事实，这是非常危险的。有智慧的人则不然，只要见到一点迹象，就能判断出事情未来的发展，而采取合宜的行动。

日行千里的良马，如果没有善于驾驭的马夫，就会被牵去与驴骡一同拉车；价值千金的玉璧，如果没有善于鉴别的玉工，就会被混同于荒山乱石之中。人才如果不受他人赏识，就会被埋没。这充分说明识别人才至关重要。

唐朝诗人杨巨源《城东早春》写道："诗家清景在新春，绿柳才黄半未匀。若待上林花似锦，出门俱是看花人。"明末清初人王相评注道："此诗属比喻之体。言宰相求贤助国，识拔贤才当在位微卑贱之中，如初春柳色才黄而未匀也。若待其人功业显著，则人皆知之，如上林之花，似锦绣灿烂，谁不爱玩而羡慕之？比喻为君相者，当识才于未遇，而拔之于卑贱之时也。"这段评注启示人们：识才，不仅要看到那些功成名就者，更要注意寻找那些暂时不为人所知，而实则很有才华和发展前途的人。

由于人的灵性品质不一样，加上个人修养和环境、营养等因素的影响，精明往往在外部表现得并不十分明显，特别是人在失意落魄、沮丧颓废的时候，正如人们常说的落草的凤凰不如鸡。君子有落难而窘迫的时候，小人也有得志猖狂的那天，一般人是难对此一目了然、一洞澄明的，需要用经验和感觉去判断。许多人都有这种能力，一看某人就知道他聪不聪明，道理就在于此。

需要指出的是，看上去呆头呆脑的人往往是大智若愚的智者。智慧高、知识深的人外在表现是木讷的。丘吉尔和爱因斯坦小时候都被老师认为是劣等生，但他们以各自的非凡成就在几十年后反驳了老师的看法。

据《廉颇蔺相如列传》记载：

向赵惠文王推荐蔺相如的是赵宦者令缪贤。为了使赵王能够重用蔺相如，缪贤公开了一件隐私："我曾经犯过罪，私下商议想逃到燕国去。我的门客蔺相如阻止说：'你怎么结识燕王的呢？'我就告诉他，我曾经跟随大王与燕王在边境上相会，燕王私下握住我的手，对我说：'很愿意跟你交个朋友。'因此我想去投奔他。蔺相如劝我说：'当时赵国强大而燕国弱小，你又被赵王宠幸，燕王要巴结赵王，所以想同你结交。现在的情况是你要从赵国逃走投奔燕国，燕国惧怕赵国，必定不敢收留你，说不定还会把你捆绑起来送回原籍。你不如赤身伏在腰斩的刑具上向大王请罪，则侥幸可能免罪。'我听从了他的话，幸亏大王也赦了我的罪。因此，我认为他是个有勇有谋的人。"赵惠文王听了觉得有道理，于是召见蔺相如，随之，演出了千古传为佳话的那一段"完璧归赵"的故事。

缪贤这种勇当伯乐，举荐"千里马"的做法，是值得后人仿效的。

第二次世界大战期间的美国陆军参谋长乔治·马歇尔五星上将，亦有类似的经历：他在 1919 年还是个上尉时，曾被派往某地担任副官，负责训练新兵。他的上级约翰·哈古德上校写了一份关于马歇尔上尉的鉴定报告，其在回答"和平和战争时期你愿意留他在你的直接指挥下吗"的问题时，他径直写道："我愿意，但我更愿意在他手下服役！"并说："据我判断，在战争时期指挥一个师，能做得像他一样好的，在陆军中不超过5个人。他应被授予正规陆军准将头衔，这件事被延迟一天，都是国家和陆军的损失……如果我有这种权力，下次准将级中有空额时，我将任命他。"谁能想象得到，这竟是一名上校对他手下的一名上尉的评价，而事后的实际生活，又证明了这一评价具有何等超常的远见卓识！

才华锋芒外露的人如同上林之花，锦绣灿烂，人人赞赏，人人注目，都欲得而用之，社会上这种对待这类人物的现象，被称为"马太效应"。

具有潜质的人则犹如待琢之玉，似蒙土的黄金，没有引起世人的重视，没有得到公众的承认。若没有独具慧眼的识玉者卞和，和氏璧是难以被发现的。千里马之所以能在穷乡僻壤、山路泥泞之中，盐车重载之下被发现，是因为幸遇善于相马的伯乐。千里马若不遇伯乐，恐怕要终身困守在槽枥之中，永不得向世人展示其"日行千里"的风采。许多具有潜质的人都是被"伯乐"相中，又为其提供了一个发展成长、施展才华的机会，才获得成功的。

当你发现下属中有这类人物时，应立刻善加运用，一刻的犹豫即是损失一刻利益；因妒忌而把他等同于平庸者看待，公司将由此遭受损失而最终走向下坡路。

　　你发现优秀的潜水艇一样的人后，注意做到下面几点：

　　鼓励他在公开场合阐明自己的观点和建议，这样做为的是增加他对你的信任，以及对公司的归宿感，表明他的建议受到你的重视，为了表现自己，他必更乐于创新。

　　视他为管理工作上的一项挑战，有些管理方法，对待水平较低的下属或许绰绰有余，甚至让人把你看成奋斗目标。而在优秀人才眼中，你只是代表一个职位、一个虚衔，并不表示你的才干胜过所有的人，要他们全听你的，并不是一件很容易的事。

　　适时地赞美他的表现，不要担心他会被宠坏，在他杰出表现之后，适时地加以称赞和鼓励。假如你对他冷漠，会使敏感的他以为你嫉妒他。因为卓越的人均懂得鉴貌辨色，为免功高盖主，招你猜忌，他宁愿把创造性的建议藏起来，待有机会即另谋高就。

　　给他明确的目标和富有挑战性的工作，卓越人才行事都异于常人，但又有出乎意料的成功；你给他们明确的目标和富有挑战性的工作，他定感到被看重而满怀工作激情。

　　对他突出的贡献给予特别的奖励，在你还没有给他更高的报酬时，一些特别的奖励是必要的。对于他对公司突出的贡献，如无特别待遇，动力就会减弱，但不表示他不再追求进步。

　　推荐一些对他有帮助的书籍，"学如逆水行舟，不进则退"。如果你将卓越人才的工作安排得密密麻麻，这样他就没有时间学习新事物，不断的工作将使他精神疲惫。卓越人才并不是万能的，他也有不懂得的事物。

第三章

用对人才能做对事，解读合作伙伴微行为揣摩其工作态度

有城府的人，需要你去试探

一个人的外部肢体形态到言谈举止，都可以精心"伪装"。当然，如果你的交流对象是个"老谋深算"的人，想摸清他，并非无计可施，你需要一些小技，悄悄地试探他，他很快就会"现出原型"来。

公司规定每三年评选一位优秀员工，奖励一套住房。老板的小舅子也在这家公司上班，虽然他平日里游手好闲，但是老板碍于他是自己的小舅子，也睁一只眼闭一只眼。小舅子很想知道姐夫的心思，想知道今年自己有没有资格获得奖励，又不好直接去问姐夫。他忐忑不安，心想："我到底有没有资格呢？如果我有资格，原来评给我的小房子一定会给别的员工，为什么姐夫一直没有表态呢？"他想了很久，最后终于想到了一个去试探姐夫心意的办法。他拜托一位跟姐夫很

有交情的员工去办这事。员工见了老板就说:"大家都说您的小舅子是今年的优秀员工,那么他原来的那套房子能不能奖励给我住呢?"老板摇摇头说:"不!这幢房子今年不能给你啊,我小舅子今年不是优秀员工。"当那个人要离开的时候,老板暗叫一声:"糟了!"肯定是那个浑小子让他来试探虚实的,老板连忙问那个员工,是不是受人之托来摸底的。员工佯装不知情,推说没有,但实际上,老板已经先输了一着,小舅子终于知道了姐夫的心事了。

从例子上可以看出,当遇到的对手善于隐藏内心时,你可以投石问路,甚至找第三者去帮你探听虚实。这样你很快就会知道他的真实想法了。在我国古代这样成功探测人心的例子也不胜枚举。

与此相类似的,汉景帝用一双筷子测试出了手下重臣的居功自傲之心。

周亚夫是汉景帝的心腹重臣,他城府很深,在平定七国之乱的时候屡立战功,后来又官至丞相,为汉景帝进言献策。可是最终汉景帝在选择辅佐少主的辅政大臣时,却放弃了他,究竟是什么原因呢?在古代,每个皇帝年老之后,皇位的继承问题就被提上了日程,宫里少不了明争暗斗,所以每个皇帝都不得不花费一番心血。汉景帝自然也碰到了这个难题,当时太子刚刚成年,需要辅政大臣的辅佐,汉景帝为此试探了一次周亚夫。

　　一天，汉景帝请周亚夫吃饭，给他准备了一大块肉，但是皮肉相连，没有切开。周亚夫见没有给他准备筷子，面色就有些难看，他很不高兴，就向主管筵席的官员要一双筷子。汉景帝微笑着说，给你这么大一块肉你还不满足吗？还要筷子啊。是不是有些贪心啊？周亚夫一听，立刻摘下帽子，赶紧向皇帝叩首谢罪，汉景帝说，起来吧，既然丞相不习惯这样的吃法，那就算了，今天的宴席就到此结束。周亚夫听了，连忙向皇帝告退，疾步走出了宫门。汉景帝目送他离开，并说，这点小事就如此闷闷不乐，看来确实不适合辅佐少主啊！

　　周亚夫也算是个经验老到、城府很深的人。但是在汉景帝巧妙的试探下，还是现出了原形。辅佐少主的重臣，一定要心态平稳、任劳任怨，倘若少主年轻气盛，有了不合礼数的行为，重臣要有长者风范，懂得包容这些过失，一心一意地敬忠职守，才能成为真正的贤臣。从周亚夫的表现来看，连老皇帝对他不周到的举动，他都不能接受，以后又怎么能辅佐好少主呢？赏赐他的肉，即使不方便食用，在汉景帝看来，他也应该把它吃下去，这体现着君臣礼数。他要筷子的举动，在汉景帝看来就是不成熟的做法。到辅佐少主的时候，是不是会有更多的矛盾？这令汉景帝非常担忧，所以他毅然地放弃了周亚夫。

　　总之，只要你去试探，就可以知道，谁是有城府的人。

危难面前，考查他的胆识

　　庄子说，"告之以危而观其节"，意思是，出现了危难的情况让他处理，通过处理危难来观察他的胆识与节操。俗话说，"路不险，无以知马之良；任不重，无以知人之才；岁不寒，无以知松柏；事不难，无以知君子；势不危，无以知英雄"。确定一个人是不是真的勇敢，是不是真是英雄，只有在最关键的时刻才能够检验出来。

　　一个人要面临大事，真正的品行才显露得出来。遇到大事和难事的时候，可以看出他的担当能力以及克服困难的力量。如果交流对象平时口口声声"遇事果断、果敢"，但是一遇到危机临身，他就不知所措，甚至还会满腹牢骚。这就表明他是个性软弱之辈。个性越是柔顺的人，遇到困难越是仓皇失色。因此，若要探究一个人的胆识、气魄，就得告之可能面临的灾难和困境，并接连不断地交给他去处理，从中观察他的勇气和反应能力。

　　F公司是一家效益非常好的上市公司。公司董事长有两个儿子，大林和小林，这两个人都非常能干，依靠自己的实力和父亲的影响力创立了自己的公司，并且业绩不错。但是，大林和小林性格完全不同，大林外向，做事情麻利，小林则不爱说话，勤勤恳恳，一丝不苟地完成工作。董事长年纪越来越大，看着两个儿子都很有实力，发愁到底应该把公司交给哪个儿子打理，谁能真正扛得起这份责任呢？董事长助理小吴看出了董事长的心事，便对董事长说："我看大林和小林做事的能力都很强，您可以看看他们的胆识如何。"董事长若有所思地点了点头。

　　没过多久，两个儿子分别接到了父亲的电话，说由于账目操作失误，公司的几宗大笔生意没有做成，公司资金周转出现严重困难，可能面临破产，需要儿子们拿出资金帮忙解决。大林听到这个消息后，急忙将自己持有的F公司股份全部变卖，然后把所有的存款转移到国外的户头上，推说自己的公司也遇到了困难，资金周转不周，拿不出钱来。一向沉默寡言的小林则拿出了自己所有的积蓄，并且把自己公司的流动资金全部交给父亲。

　　一个月之后，F公司运行一切正常，丝毫没有破产的迹象。大林还在纳闷儿，突然接到消息，董事长任命小林为公司董事。原来，这是老董事长放出的假消息，就是为了看看哪个儿子能在危难面前扛住压力。大林由于在困难面前的自私胆小，失去了父亲的信任。

　　能力和胆识并不成正比。大林和小林的业务能力相差无几，但是在危机面前表现出来的胆识，小林却远强于大林。董事长考查的，正是一个人在关键时刻和重大原则问题上表现出来的立场和道德方面的坚定性。

　　一个人在危难的时候能够挺身而出、果敢坚毅地维护自己所在集体的利益，这充分体现了他的气节和能力，这样的人才就是被重用的对象。有专家曾根据人的胆识和气魄将人分为大器、中器、小气三种：

　　大器之才，即使工作繁重，也不会有怨言。他们勤勤恳恳，但不会拘泥于小事，该做的全力以赴，不该做的事也不会耿耿于怀。该说话时，勇于表达己见，不该说话时，就安心沉默。他们可以适时进退，这种人，他们已具备了领导的才华，一有机会便会成功。

中器之人，平日里的表现和大器之人好像差不多，可是一旦让他们面临抉择，就会左右摇摆，举棋不定，他们需要你能适时地给他一鞭子。

小气之人，为人处世多以自己为中心，这种人比较自私。一有不合自己意的事就牢骚满腹，甚至责备他人，听不得别人的忠告，最终也会失去别人的信任与帮助，只留下自己在一边孤芳自赏了。

现实生活中，有些人在平时的工作中能力平平，表现得很不起眼，但在关键时刻，却能力挽狂澜，表现出惊人的掌控局势的能力，这样的就是大器之才；而有些人在平时表现突出，处理事务有条不紊，有板有眼。但在关键时刻，他的能力往往没有"张力"，表现得畏首畏尾。如果要是遇到突发性的事件或棘手的问题时，更是表现得束手无策。凡此种种，都应该全面而又细致地观察，才能得出一个比较精准的结论。

换句话说，如果你作为领导，在考查下属是否有能力时，不但要看其平时的"能量"，还要看其在关键时刻的"质量"，既要看其平时的表现，还要看其"潜能"。只有这样，才能慧眼识英雄。

利益面前，看他是否清廉

《庄子》中提到："委之以财而观其人。"大意是，将钱财托付给他来看他是否清廉。"利"对于任何人来说都是必需的，都具有诱惑力，可放手让他掌管钱财来考查其是否贪财。当一个人无法接近财物时，都可轻易地标榜他是清廉之士，也无从了解他到底是贪是廉。只有让他接近钱财，才能考验他会不会损公肥私。假若他不贪，就是一个大仁大义之人；假若他很贪，就是一个不仁不义之人。只有为官清廉，才能取信于民。一个在利益面前伸出肮脏之手的人，怎么可以担当重任呢？

同样，在生活中，如果你是一家公司的主管，你把下属放在有利可图的工作岗位上，让他有机会得到财物。这样，你就可以看出他是否真正廉洁奉公，是否可以在利益面前面不改色，不为所动了。

A公司新招了一名仓库保管员王小姐，她身段苗条、聪明漂亮又会察言观色，因此深受公司所有员工的喜爱，大家都夸她正直无私。

"小王，你把这些洗面奶放到仓库保存，过几天送客户用得着。"领导将王小姐叫到办公室说。

"张总，一共有多少瓶洗面奶？"王小姐问。

"这是随产品一起运来的赠品，具体多少还不清楚，你搬过去数数就知道了。"

"好的！"

"希望我的考验失败！"张总心想。

其实，这批洗面奶不是随产品赠送的，而是张总派人采购的，数目清晰明了。10分钟之后，小王把洗面奶的数量报给了张总，竟差18个。当然，第二天仓库保管员就换了另外的人。

从例子可以看出，小王尽管在同事中的口碑很好，但是在利益面前，她却轻易地"露了底"。因此，她属于明里正、暗里贪的人。这种人很厉害，在明处一副很正派的样子，表面上似乎很清正廉明。其实一到暗处，那双脏兮兮的手就伸出了，贪财求利。当然，那些真正廉洁的例子也不少，他们抗腐拒变能力较强。在明处和暗处，都能坚持原则，不贪不占。

伯颜，元朝人。他相貌堂堂，智勇双全，一次被派作西征军的使者向忽必烈奏事，忽必烈见他气度非凡，十分喜爱，就将他留在了身边。1274年，忽必烈有意攻打南宋，于是他任命年轻的伯颜为中书左丞相，与大将阿术率领二十万军队，水陆并进，一路所向披靡。

大军所过之处，正逢疫病流行，老百姓贫病交加，饥饿难耐。伯颜下令开仓赈粮，发药治病。老百姓们大为感激，都称颂伯颜的军队为王者之师。后来，伯颜率军攻入临安，南宋灭亡。

临安城是南宋的都城，繁华富足，金玉珍异，应有尽有，伯颜不为所动。进入临安后，他首先下令封存府库，登记钱谷；又命令将士一律不得擅自进城，敢于暴掠者，军法处治。

因此,闹市商业区热闹如故,生意照常进行。两个月后,伯颜将宋皇宫中的祭器、仪仗、图书等全数北运,宋皇室成员押解至上都。忽必烈看到伯颜如此严于律己,很高兴,重赏伯颜。

伯颜身为元军重臣,完全可以借破城之机搜掠财宝,但他并没有贪图财富,而是将其如数封存,交给国家。面对如此大的诱惑仍能不为所动,这种清正廉洁之人,怎会不受忽必烈的青睐呢?话说"贪为私动,贿随权集",对钱财看得太重的人,往往会想尽一切办法去拉拢贿赂一些有权有势的人来做他们的保护伞和摇钱树。从钱财来识别每个人是不是仁者,就是看他对钱财采取什么样的态度。为私而贪者为不仁,为公而见钱廉洁者为仁者。廉洁的人不追求不应有的财物,所以,古人云:"廉者,民之表也;贪者,民之贼也。"即指官吏廉洁奉公,就是老百姓的表率;官吏贪赃枉法,就是残害老百姓的强盗。纵观古今中外仁者,他们共同的优点就是不贪不义之财。

总之,无论是毫无遮盖、明拿暗索、置人格和尊严于不顾的人,还是真正清正廉洁的人,利益面前人人平等,他们的灵魂最终都会显露出来。

任务面前,考查他的信用

在《庄子·列御寇篇》中,有这样一句话:"急之与期而观其信。"即把某件事情交付给一个人去办,以考查他是否有信用。信用，是做人交友的基本准则。如果一个人不恪守信用，说了不算，定了不干，谁还能够对他有所依托呢？其实，听听一个人怎么说的，看看这件事他是怎么做的，就可以知道他有无信用。无信用之人，任何事情都不可托付。

如果你是公司的老板，交给手下人一件事情，让他在规定的时间内完成，通过他对这件事情的处理态度，你便可以了解他的诚信和忠心。具体的做法是：与他达成口头协议，约定某事，看他能否说到做到。如果约定期限来完成某件事情，看他是不是能信守承诺如期完成。

大街上，一个女孩在问男友："明天中午11点，我和妈妈在家等你，那天是她50周岁的生日，你能准时到吗？"

"必须的，我未来的丈母娘过生日，我能不准时到吗？"小伙子拍着胸脯保证。

"看得出你是个很稳重的人。虽然我们相亲没多久，但是我对你的印象不错呢！"女孩红着脸对男友说。

第二天中午11点整，小伙子没有如期到达。女孩和她妈在家等了他一个小时，然而他还是没有来。下午4点小伙子在没有事先通知女孩的前提下，竟按响了女孩家的门铃。

"对不起，小玉，今天中午我姑姑来了，在家忙着做饭，我没有脱开身来你家。"小伙子无奈地解释着失约的原因。

"对不起，李先生，我想我们不合适，我想找一个守时重信的人，我妈也希望我能找个重视我的人，是吧，妈妈？对不起，我们还是不要再见了。"

好好的姻缘因为失信而告吹，如果事先他打电话向女孩说明情况，或许结果就不同了。

从上面的故事可以看出，在现实生活中，"信"往往是说得容易做起来很难的，所以我们往往用"期之以事而观其信"来检验一个人。有的人对下属、朋友、同事甚至妻子轻易许下诺言，可是过一阵子就忘了。这样的人，若想把什么任务交给他们，那就做好被欺骗的准备吧！

考查一个人的途径很多，方法也很多，但是考查一个人应该首先考查他的"信"，这是最重要的。守信的人会得到大多数人很好的正面评价，反之，就会受到诋毁和抨击。有时候，领导者让下属在较短的时间内完成一件工作，就是考查下属是否言必信、行必果，是否具有办事高效率的好机会。在这一点上，古今的事例大致相仿。

太史慈，字子义，山东黄县东黄城集人，东汉末年著名的武将。起初，太史慈跟随刘繇，后来孙策亲自攻讨刘繇，生擒太史慈。孙策见太史慈作战勇敢，爱才心切，亲自为其松绑。太史慈见孙策如此爱惜良才，且有帝王之相，于是归顺了孙策。孙策当即拜太史慈为门下督，回到东吴之后，又拜其为中郎将，授予其兵权。后来，刘繇在豫章去世，其部下万余人无处可附，孙策便命令太史慈前往安抚兵众，想将这数万人收归自己的部下。孙策手下的人都说："太史慈这一去肯定不会回来了。"孙策却说："太史慈他舍弃了我，还可以投奔谁呢？"不仅如此，孙策还亲自送太史慈到昌门，临走

的时候抓着太史慈的手腕问："爱卿何时能够回来?"太史慈
答道："过不了两个月我就能回来。"果然,不到两个月,太
史慈如期回来,此后,孙策对太史慈愈加重用。

孙策派太史慈去劝降刘繇遗众,显然是想看一看太史慈
是不是守信之人。如果太史慈不回来,那么这种不讲信用之
人也没有留在身边的必要。事实证明,太史慈是守信之人,
同时也赢得了孙策的信任。

如果你作为公司的领导者,想学学孙策,那么不妨也对
下属提出任务,并要求他尽快完成。你可以不规定具体的期
限或者为期指定日期。在这种情况下,特别能看出一个人的
办事效率。工作责任心强的人,会把你任命的每一项任务都
当做你对他的一种考验,会尽快完成。反之,责任心不强的
人,则会拖拉。倘若这项任务有期限,在最后期限内,被委
任人也不能履行承诺完成任务,就是言而无信。如果这样的
事经常发生在一个人身上,就可断定此人不可大用。

不过,如有失约情况,也不可随意给人下结论,要弄清
失约的具体原因,是客观的还是主观的,是值得原谅的还是
不能谅解的。如果属实是无信之人,那就赶紧踢开他,别把
任务交给他。

亲近面前,观察他的礼节

现实中,有些人在你面前客客气气,非常有礼节,尤其
是有求于你时,或比你地位低的时候,我们往往很难辨别这

种"客气"究竟是来自对方对我们的尊敬之心，还是因为某种利益关系等其他原因。《庄子·列御寇篇》提过一个方法："近使之而观其敬。"即安排他在你身边做事，整天与你形影不离。因为如果一个人对你客气不是出自真心，一旦他与你混熟了，便很容易无所顾忌，失去敬心，甚至表现出轻浮无礼。所以"近使之"是考查他人是否对你有尊敬之心的有效方式。

老刘是一家涂料公司的经理，主要负责联系客户和销售工作。在一次招聘会上，小张前来应聘，简单交谈后，老刘惊喜地发现小张和他竟然是同乡。虽然小张的学历不够，但是他的言谈举止幽默风趣且落落大方，很适合做销售工作。于是，经老刘提议，公司破格录取了小张，小张成为一名销售人员。经过两个月的锻炼，小张经手的订单数突飞猛涨，业绩十分喜人。老刘和小张的私交也越加亲密。

经过细致的观察后，老刘发现小张办事勤快、踏实肯干，又很谦虚谨慎，和同事的关系也十分融洽，公司员工对他的评价也很高。老刘想进一步提拔小张，就先把小张弄到自己身边，当经理助理，并把几个新产品的销售渠道全部交给小张去做，看看他做得怎么样，是否适合做高层管理人员。

几个月后，老刘渐渐发现小张好像变了一个人，并没有初到公司时那种勤奋和谦虚的劲头了，经常上班迟到，工作时间在办公室玩游戏，也不出去跑业务。公司员工也反映，小张的脾气比较暴躁，在主持销售会议的时候经常口出脏话，羞辱业绩不佳的工作人员。两个季度下来，小张负责的几个新产品的销售业绩惨不忍睹，许多老顾客也因为得不到相关的服务而转向对手公司订货。老刘不止一次找小张谈话，指出了他的问题所在，可是，小张总是用各种各样的理由搪塞过去，不思改过，反过来把责任推到其他员工身上。老刘忍无可忍，辞退了小张。

许多人的恭敬谦虚是功利性的。初次见面，因为不知道对方的底细，双方都尊敬有加，长期相处，慢慢就能看出对方的水平来了。如果在自己身边的人因相处比较熟了，而放松对自身的谨慎，这是会出问题的。如同在平坦的道路上行走的人放纵自己而脚下不留意，这样走快了就会摔跤；在艰险的道路上行走的人有所戒备而小心翼翼，因此走得很慢，反而平安无事。这就指出了越是平易的地方，越是要谨慎。

例如，你在领导身边工作，你就应该比他人更加谨慎。平时要自律、自重、自爱、自尊、自励、自强，严格要求自己，树立良好的形象，不做有损自己身份的事。

当然，如果你是管理者，也可以将所要识别的对象安排到自己身边工作，因为天天在一起相见容易相熟，久而久之就会没有拘束，这样就便于观察这个人在与人相交往的过程中是如何对待自己与他人的关系的，从而判断他的为人。

混杂面前，探察他的本性

关于鉴人本性方面，《庄子·列御寇篇》有言，"杂之以处而观其色"，意思是，将人放在混杂的环境里，看他的本性如何。很多实践证明，混杂的环境可以锻炼人，也容易改变人，使人丧失本性。

如果你想考查一个人，让他身处男女混杂的环境里，观察他是否好色，对待男女关系的态度，你就基本可以断定一个人。一般来说，爱美之心人皆有之，但深陷"温柔乡"不能自拔者，往往会造成于公于私都不利的局面。人生中总会要经过金钱关、权力关、美色关，等等，而美色关就是其中的代表。常言道，英雄难过美人关。能否把好这一关，就看一个人的素质及品性了。

公元前200年，刘邦御驾亲征匈奴，被冒顿单于困于单城白登山。虽然左右颇多谋臣勇将，却无奈孤军冒进。从战势看，匈奴军以四十万大军死围白登山城，而刘邦随军只数万人，援军尚远无法搭救，看来是难以逃脱了。

六天六夜过去了，白登山城已缺水断粮，加之天寒地冻，百苦皆至，众人心急如焚可又束手无策。最后刘邦找来足智多谋的陈平反复商量，拟以智取而期死里逃生的冒险办法对付匈奴大军。他们打听到冒顿单于最宠爱王后阏氏，且又喜欢美女，便从这方面用计。当天便安排画家李周，连夜画了张漂亮的美人图，并让人混入敌营，将一些珠宝和美人图献给阏氏，并说愿意献此美人给单于。阏氏见到珠宝立即目眩心迷，心动不已，可当听说汉朝皇帝要献画中美人给单于时，便又不高兴起来，要来人把画带走，至于解围之事让汉朝皇帝放心。是夜,阏氏果然说服单于,要他放走刘邦。可次日勾结匈奴一起反汉的韩王姬信又劝单于不能放走刘邦,并说出美人图的事来,单于一时动心,便传话要见美女后再作考虑。刘邦闻讯,立刻命令士兵将预先做好的十多个木偶美人推上山城城头,用扯线摆弄"美人"的动作。冒顿单于在城下一看,心中陶醉不已,随即下令让路,刘邦君臣打道回府了。汉军退兵后,单于守兵进山城取"美人",却见到的是一些木偶倒在地上,才大呼上当,中了刘邦的"美人"计了。

从故事中可以看出,冒顿单于和王后阏氏都没有能在混杂的环境中把持住自己的原则,一个好色,一个贪财,结果丧失消灭对手的良机。可见,如果是意志薄弱、思想素质较差的人,一般来说是难以经受住金钱和美色的诱惑的。但也有一些品德高尚的素质较好的人,他们能在金钱、权力和美色的诱惑下,正确把握自己,掌控了方向。

关羽是中国历史上的著名武将。一次,刘备和张飞在外打仗,与关羽失去联系。关羽护送刘备的两位妻子守护下邳城。曹操突然引兵袭来,关羽兵少,败给了曹操。经过张辽的劝说,关羽暂时同意"降汉不降曹",但同时也提出三个条件:第一,降汉不降曹;第二,确保两位皇嫂安全;第三,今后若探听到刘备的下落,当即辞别。曹操爱才心切,虽对第三条有所顾虑,还是满口答应。

曹操为了笼络关羽,想出了种种办法。他将关羽和刘备的妻子安排到一间屋子里休息，想让关羽乱了君臣之礼，无颜以对刘备。可是，关羽将屋子让给两位嫂子休息，自己手持大刀在外面站了一夜，毫无倦意。曹操得知，不禁暗自佩服。曹操又赠送给关羽大量的金银珠宝，想借此收买关羽，关羽却将财宝全部交由两位嫂子收藏，自己分文不取。曹操仍不死心，将自己的坐骑赤兔马赠给关羽，希望他能归顺自己，关羽仍不为所动，探听到刘备的消息后，义无反顾地回到刘备帐下。

关羽在财色的诱惑之下，不为所动，心中仍牢记忠、义二字，这才是真正的可靠之人。

人生在世，难的就是与人相处。观察一个人是忠良还是好色之徒，就要看他的意志是否坚定，看他在没有任何监督的情况下，特别是在男女混杂的环境里，能否与人融洽和谐地相处。同时，观察他在面对金钱和美色的诱惑时，会保持什么样的态度。如果他能一如既往地坚持自己的本色，说明他内心坚定，目标明确，不会轻易偏离行为的轨迹，这样的人往往拥有良好的道德品质和修养，成功也将指日可待。

好相处的人，能很快融入团队

一个小镇郊外的马路边，安静地坐着一位失明的老婆婆。一位中年妇女开着车来到这个小镇，她看到了老婆婆，停下车摇开车门，有些傲慢地对老人问道："老太太，这个城镇叫什么名字呀？怎么这么小呢？地图上都看不到啊！住在这里的人都怎么样啊？我正在寻找新的居住地！"

老婆婆回答说："那你能说说吗，你原来居住的地方，那里的人都怎么样呢？"

中年妇女说："他们都是一些没有礼貌、贪得无厌的人。而且他们各个都很脏，简直让人无法忍受，所以我才想搬出来。"

听了这话后，老婆婆说："女士，这里恐怕又要让你失望了，这个小镇上的人和他们完全一样。"

中年妇女听完撇撇嘴，开车离开了。

过了一段时间，一位女孩来到这个镇上，向老婆婆提出了同样的问题："婆婆，住在这里的都是什么类型的人呢？"

老婆婆也用同样的问题来反问她："你现在所居住的镇上的人怎么样呢？"

女孩笑着回答："哦！住在那里的人很善良，十分友好。我从出生一直住在那里，那是一段很美好的时光。唉，可惜，因为我要换工作，所以不得不离开那里，真希望能找到一个像那里一样好的小镇。"

老婆婆说："小姑娘你真幸运，居住在这儿的人，和你们那儿的人一样善良、友好，你会喜欢他们的，他们也会喜欢你的。"

从这个故事可以看出，与人相处，就好像是在照镜子，彼此友好才能共赢。如果你想考察一个人是不是好相处，那你就看他是否能与人真诚合作，是否有团队精神，是否有亲和力。最好的办法就是把他放到一个群体中去，看他是不是可以很快就能融入团队。

总之，好相处的人，能更快融入到团队，他们做起事来往往事半功倍。当然，与人相融的程度不取决于语言的多少，而是取决于心灵的真诚相悦。因此与人相融的程度，相处的好坏，也能多多少少地折射出他们心灵的痕迹。

疏远面前，观察是否忠诚

判断一个人是否忠诚于你，可以派他到远离你、无人监督的地方做事，可以判断他是否忠诚于你。生活中，如果你是领导者，也可以采用这种方法，通过观察下属在远方的一些具体表现和侧面反映，进而探测他的本质是好是坏。为什么在远离你的地方工作，可以看出下属究竟是忠还是不忠呢？是一般性的忠诚抑或是绝对忠诚呢？这是因为相距很远而缺乏监督，无论他在远方是埋头苦干还是胡作非为，表现出来的都是最真实的东西。

由此我们可以说，放任的时候可以看出一个人检点自己的能力。一个人是否忠诚，只要将其指派到远方工作一段时间，就会从一些事实和侧面的反映中得以验证。当然，无论是下属、朋友还是爱人，我们都希望对方对自己忠诚，所以在现实生活中，确实有"远使之而观其忠"这样的必要。因为在一些人看来，在"天高皇帝远"的地方工作、生活，可以随心所欲，想干什么就干什么。所以有很多原本感情很笃定的夫妻，在异地生活不久后，感情就破裂了，也是这个道理。"天高皇帝远",确实给一些心存私欲的人提供了胡作非为的可能和机会。心存歪念的人目光在没人监管的情况下,总是为所欲为。如果给予其权力,一人在外独立工作、生活,总是飞扬跋扈,并美其名曰:"将在外,军令有所不受。"一般这样的人比较虚伪,自制力很薄弱,对事业和爱情不忠诚。

当然,在现实生活中,也有很多人是无论何时何地都一样行事,这些人心中深深刻着"忠"字的烙印。

M公司的总部在北京。小李在这家公司的销售科负责客户资料管理已经有一段时间了,由于工作期间兢兢业业、勤于职守,小李深得公司董事长孙某的信任。孙某发现小李的业务能力很强,有意提拔他当部门经理,但是对于小李是否能够独当一面,负责好部门的整体运作,孙某无从考查。思来想去,孙某决定把小李派往公司新成立的成都办事处去做主任,看看小李是不是能够在远离总部的地方做好自己的工作,看他如何开拓当地市场、如何招聘员工、如何定任务标准、如何编织客户网。

过了半年时间,公司驻成都办事处在公司拨给的经费有限的情况下,不仅在短时间内在当地站稳了脚跟,而且树立了良好的信誉度,发展了大批的客户。小李本人也因为勤俭节约、能力卓绝、能与下属同甘共苦而被大家称赞。孙某借公司周年庆典之际,仔细视察了小李负责的办事处的业务,实地听闻了大家对小李的评价,发现小李确实是一个品德和能力都过硬的优秀人才。于是，孙某放心地把小李调回总部担任部门经理。

　　所以说，辨别忠奸最好的办法就是让他远离自己，这样可以识断一个人是否是真正忠实。

第四章

慧眼识出千里马，解读
对方微行为选出英才

与下属面谈，了解他的性格特点

一个人的举手投足中，都很有可能包含着丰富的信息。作为领导者必须掌握善于同下属交谈、倾听下属意见的艺术。通过察言观色来揣摩对方的行为，捕捉其内心活动的蛛丝马迹，才能够使交流更加便利、更加有效。

领导人在实施指挥和协调的职能时，必须把自己的想法、感受和决策等信息传递给被领导者，才能影响被领导者的行为。同时，为了进行有效的领导，领导者也需了解被领导者的反应、感受和困难。这种双向的信息交流十分重要。交流信息可以通过正式的文件、报告、书信、会议、电话和非正式的面对面会谈。其中，面对面的个别交谈是深入了解下属的最好方式之一，因为通过交谈不仅可以了解到更多、更详细的情况，并且可以通过察言观色来了解对方心灵深处的想法。

　　善于同下级交谈是一种领导艺术。有些领导者在同下属谈话时，往往同时批阅文件，左顾右盼，精力不集中，不耐烦，其结果不仅不能了解对方的思想，反而会伤害对方的自尊，失去下属对自己的尊重和信任，甚至还会造成冲突和隔阂。所以，领导者必须掌握善于同下属交谈、倾听下属意见的艺术。

　　有一位将军，在一次战斗当中被对方擒获，然后被押回了对方大营。

　　这位将军也算得上是一位铮铮汉子。从被敌方擒获以后，就没有想过要投降敌人，抱着必死的决心，丝毫不肯向对方低头。不管是谁来劝他投降，他都怒目相视，绝不理睬。

　　敌方的国王也敬佩他是一个有骨气的大将，越发地盼望着这个将军能够投降自己，为自己所用。可惜的是，不管怎么劝说，这位将军还是毫不理会。国王为此感到无可奈何，但又很不甘心。这个时候，国王的一名随从过来说："国王请不用担心，依属下的看法，这位将军虽然现在表现得还很强硬，但是只要我们坚持劝说下去，他迟早会投降的。"国王将信将疑地说："我派人劝说了那么久都没有任何的效果。何以见得他定然会投降啊？"那个属下道："属下刚才去劝降的时候，见到有灰尘从天棚掉下，落在将军的袍袖上面，他居然能够察觉，并小心地把灰尘掸掉。试想，一个人若是早把生死置之度外，怎么还会顾得上吝惜身上的袍服呢？"国王听到后，觉得极有道理，于是坚持劝降。终于，在国王的努力之下，那个将军还是投降了国王，并成为国王手下的一个得力帮手。

　　故事中的那个属下通过将军掸掉身上的灰尘这一个小的细节，就作出了精确的判断，为国王的劝降工作立下了大功。这名属下可称得上是真正的深谙察人交流之道。管理者应该像那名属下一样，通过察言观色来揣摩对方的行为，捕捉其内心活动的蛛丝马迹，探索引发这类行为的心理因素。要善于观察，才能够使交流更加便利、更加有效。

　　管理者在与下属的面对面交流当中能够得到他所希望得到的信息，通过对下属在交流过程中的习惯性动作，来判断出一个人所具有个性特征：

　　（1）手插裤兜者。双脚自然站立，双手插到裤兜里面，时不时拿出来又插进去，这种人性格比较胆小谨慎，凡事三思而后行。在工作中他们最缺乏灵活性，往往用最呆板的办法来解决许多问题。他们对突如其来的打击或者失败心理承受能力比较低，在逆境中更多的是怨天尤人，垂头丧气。

　　（2）双手后背者。两脚自然并拢，双手背在后面。这种人大多数在情感上比较急躁，但他与他人交往的时候，关系处得比较融洽。其中最大的原因可能就是他很少对其他人说"不"。

　　（3）经常摇头者。经常以点头或者摇头表示自己对某件事情看法的肯定或者否定的人，特别在社交场合上很喜欢表现自己，却遭到别人的厌恶，引起别人的不愉快。但是，经常摇头或者点头的人，自我意识强烈，工作意识强，看准一件事情就会积极地去做，不达目的绝不罢休。

（4）抖动脚跟者。喜欢用脚或者脚尖使整个腿部颤动，有时候还喜欢用脚尖磕打脚尖或者以脚掌拍打地面。这种人很喜欢自我欣赏，性格较为保守，很少考虑他人。然而在他人需要帮助的时候，他却往往能给一些意想不到的好的建议。

以上是一些从小动作中获取信息的小诀窍。总而言之，一个人的举手投足中。都很有可能包含着丰富的信息。因而，选择与下属面谈，不失为了解下属性格特点的一个好方法。

衣着修饰中的性格窥视

每个公司中，一定有喜好穿着不同衣服的人，职场中人们的装束千变万化、丰富多彩，他们的穿着不只是他们的家庭经济实力决定的，他们的穿着打扮也反映他们的性格。

一个人的服饰风格往往会跟他们的性格有紧密的关联。作为一个企业的领导者，如果对于这一方面的情况能有大致的了解，对于成功地管理企业将会收到事半功倍的效果。按照我国著名的心理学家蔡子明根据着装类型的不同将人们分为以下几个不同的类型：

（1）套装型。这种类型的人中男士喜欢穿西装，女士喜欢穿套裙，一看就知道他们是做事有条不紊的人，事业永远是他们心中的首位。不过当他们做到很累的时候，如果你可以在旁支持或帮助他的话，他将会对你非常感激。当然，一些因为工作关系而穿着套装者例外。

（2）名牌型。这种人的一个重要特点就是买衣服只讲求名牌，不是名牌的就不穿。这种人又可以分为两类：一种是娇生惯养，家里比较富有的；一种是家里并不是太富有，想令人觉得自己是富人的人。这两种人的相同之处在于他们的自尊心非常强，非常爱面子。他们纸醉金迷，铺张浪费，似乎钱在他们眼中一文不值，但其实他们认为最重要的就是钱，因为没有大量的金钱，就无法支撑他们的生活。如果与这类型的人一起，一定不可以送便宜的东西给他们，因为这种人真的很现实。

（3）运动型。喜欢穿着运动服装的人，他们也比较主动和积极。通常他们都比较喜欢运动，也很有毅力和恒心，就算失败了，也会很快振作起来，迎接另一次挑战，所以，这一类型的人很值得信赖。

（4）潮流型。这类型的人永远站在潮流尖端，不管衣服适不适合自己的风格，总之今天的潮流是什么，他们就跟着穿什么。他们把自己埋没于多数人中，并乐在其中，以此捍卫孱弱的自我。这种人不甘寂寞，性情多变，没有什么个性，也没有什么优点，由于他们的自尊心强，也很需要赢得其他人的认同，要得到这种人的欢心，就要多鼓励他们。

（5）舒服型。喜欢穿T恤衫、牛仔裤的人比较随便，凡事要方便快捷。所以你会发现他们对衣、食、住、行都没有什么要求，他们对自己该穿什么，从来不在意，来去总是那身装扮。这种类型的人同样缺乏主体性，也是体制顺应型。

只要有可能，他们就想一帆风顺终其一生。他们的优点就是与人们相处比较容易。正因为这样，要令这类人喜欢你，绝对不难，只要你对他们好，关心他们，这样他们自然会接受你。

其实，每个人不一定完全符合上面的要求，不过每个人都会有一种类型的服饰都有自己的偏好。就算他们不注重衣着打扮，但他们也会买同类型的衣服。不妨你细心留意一下你身边的人。例如美国的一位服装设计师就对服饰和性格之间的关联作了进一步的区分。他认为：

对白色衬衫有偏好的人：男性往往缺乏爱情，清廉洁白，是现实主义者；女性，尤其是年轻女性，往往希望自己年轻纯洁，能吸引异性，有好人缘并给人以别致感觉。

喜欢穿细条服装的人：待人温和、自尊心强，往往有矛盾的内心和外在。

喜欢穿背后或两旁开叉上衣的人：具有领导气魄且表现欲极强。

对运动服、牛仔装感兴趣的人：性格中不受拘束的成分多一些，我行我素，更为年轻、活跃、精力充沛。

喜欢穿宽松尺寸衣服的人：意欲掩饰身材缺陷，同时有扩大自己势力范围的欲望。

喜欢传统服装如中山装的人：庄重，性格含蓄，某种意义上说是传统保守型的人士。

喜欢 T 恤的人：虽树敌很多，却是努力求上进者。

喜欢穿粗条整套西装的人：一般对自己没有信心，却爱好摆空架子。

喜欢穿西装的人：大多开朗、积极、大方，具有自信、交际广泛，属活跃型人物。

爱穿垫肩衣服的男士：意欲显示和夸大男性的威严，女性喜欢垫肩则是为了强调自己具有坚强的性格。

背后闲话能暴露真实想法

古人说："谁人背后不说人，谁人背后无人说。"也许你本人就经常在说别人的闲话。有关专家研究显示，常在背后说人闲话也是一种心理需求，这样也有助于减压。

一位小有名气的哲学家曾经说道：背后说他人闲话是人类的一种重要需求，排在吃饭、喝水之后。这说明背后议论他人是一种比较普遍的现象，但是这些闲话往往能够暴露皇帝新衣之下的真实情况。

什么样的人最容易被人议论？无非是优秀者和不幸者。优秀者通常先是被人艳羡，继而又掺杂着嫉妒。对不幸者大家于唏嘘感慨中带着同情，同时又带着庆幸"自己还不是最差的"，这就是现在网上非常流行的"把你的痛苦说出来，让大家高兴一下"的由来。

不过现实生活中，人们热衷于或嫉妒或艳羡的论人短长，其实也并非都出于恶意，大多只是一种心理转移，可能是为了排解自己的压力。有调查显示，朋友、亲戚等熟悉的人往往是自己议论得最多的人，而且许多是负面评价，但这不代表我们讨厌他们，相反我们却非常喜爱他们。但是，如果总是在背后说人长短，就是真有心理问题了。这类人的性格特点是抑郁、性格内向，天生猜疑、敏感、过分依赖别人，这种不健康的性格往往会形成人际交往障碍。

谁没有遇到这种爱说闲话的同事呢？尤其在办公室里，这种同事似乎很普遍。有些人酒足饭饱喜欢拿别人来开涮，有些人愤世嫉俗，看不惯就批评。后者固然要比前者来得友善，但无论是说哪种坏话的同事，当你知道坏话的对象就是你的时候，你该对他或她摊牌还是会一如既往地与他们相处下去呢？

杜宝琪是一家企业的新员工。他一毕业就进了这个知名的公司，羡煞了不少的同学，因此小杜觉得工作环境十分理想，同事都对他也很好。但后来，他发现办公室里那位漂亮的姐姐小丽总是在背后说他坏话。后来他打听得知，原来这位姐姐最大的爱好就是背后说人坏话，办公室里的每一个人几乎都被这位姐姐说遍了。但是不巧，公司结构重组，杜宝琪还被分在了小丽的这一组。同事们都为杜宝琪捏一把汗，杜宝琪自己更加不知怎样应付这位爱说人坏话的同事。后来杜宝琪得知，原来他受到了这位姐姐的嫉妒，他年轻并且很受大家的喜欢，才引起了这位老员工的不满。

杜宝琪的例子说明了这样一个道理：办公室里被人"说闲话"的对象都是些"新丁"，他们或学历高，或技术好。一般这种人的出现，都会为办公室同事带来危机感。有人怕自己原来所处的位置可能就不再是先前的重要位置了。从闲话之中也可以得出真实的信息，不管是领导还是其他的员工都应该从中吸取教训。

从其背后透露出的信息来看，遭人说闲话不一定会是一件坏事。尽管遭人说闲话从感情上讲是件很痛苦的事情，但客观上讲，如果同事说的坏话，的确针对其工作上的不足，这是领导了解下属情况的一个窗口。而当事人除了反省还应感激。当然了，不能一听到别人说自己坏话，就只顾在自己身上乱找缺点，对号入座。其实，不幸被莫须有的坏话套上时，首先就得把自己的自卑心理压下去，分清坏话的实质面目，不能动不动就举白旗。

身体姿势反映内心世界

不同的文化不仅对于着装打扮有不同审美标准，身体语言在不同的文化背景中也有不同的含义。身体语言是表达一个人内心世界的无声而真实的语言，它在人际沟通中有着口头语言所无法替代的作用。我们通常可以从一个人的身体姿态来推断出其学识、性格、社会地位和职业等。

心理学研究发现：在两个人之间面对面的沟通过程中，50%以上的信息交流是通过无声的身体语言来实现的。相对于书面语言和口头语言来说，身体语言是国际性的，不同国家的人在语言不通的情况下借助身势语能够进行交际。有些时候，身体语言就足以表达所有的信息，语言反倒是多余的。其实有许多身体的姿势是世界性的，例如，西方人电影中常见身体姿势表示欣赏、理解、困惑、接纳、拒绝、傲视、防卫、敌对，在我国拍的电影之中也通用。例如卓别林的一些喜剧短片使用的全部是姿势、动作、表情等身体语言，照样被全世界接受。

当然，我们不能忽视文化对身体语言的影响，例如，不同的民族对同样的身体语言有不同的理解，比如说，当一个人表达同意对方的观点时，大多数欧洲人会采用点头微笑的方式，而不同意时则是摇头，但是在中东人们的表达方式中恰恰相反。

身体语言包括姿势、头部动作、面部表情、目光和其他用于交际中的身体动作。有专家提出，人能发出多达万种不同的身体信号，任何想将它们分门别类的企图也只是不自量力。所以我们只能从传递交际信息的常见姿势中诠释一些行为代码与文化含义。姿态动作的幅度和速度以及姿势和坐立习惯也能反映出不同的文化背景和心态。

第二次世界大战时期，德国人曾经组织过一群假的美国大兵以袭击盟军的后方。他们找了几个在美国生活多年的德国人，来训练和带领这些队伍。他们都能说漂亮的美式英语，几无破绽，队长特别提醒士兵们，要用英制单位、立正的时候千万不要磕脚跟，那是普鲁士风格的立正，美国人绝对不做。还有敬礼，一定要松松垮垮、吊儿郎当，不要太标准了。这些假大兵穿上美军制服，到盟军后方去搞乱交通、破坏铁轨和电线，袭击油库。这些假大兵初期取得了一些战果，不过很快就被美国人发觉。一位美国军官曾问过他警惕的手下：
"为什么你能发现这些人是德国人？"该军士非常得意地说：
"咱们美国大兵超过半英里就一定要坐吉普车的，他们说自己
是从三英里外走过来的，肯定是德国人了。"

不同文化在姿态动作上的这些时而明显、时而微妙的差
别常常容易导致交往失当，甚至会使交际完全中断。了解这
些差异并采取必要的补偿手段，对于人们在跨文化交际中互
相理解、避免误会，对于填平文化沟壑，无疑具有十分重要
的意义。

有一个心理学家研究发现，人们通常使用的主要身体运
动语言及其重要意义有：摆手，制止或否定；双手外推，拒
绝；双手外摊，无可奈何；双臂外展，阻拦；搔头皮或脖颈，
困惑；搓手和拽衣领，紧张；拍脑袋，自责；耸肩，不以为
然或无可奈何。

在日常生活中，我们自己也在经常使用身姿来进行沟通。
如与上级谈话，我们的坐姿自然就比较规范，腰板挺直、身
体稍稍前倾。有些人则干脆"正襟危坐"。如果我们对别人的
谈话表示不耐烦，则坐的姿势就会后仰，全身肌肉的紧张程
度就会明显降低。无论什么人在讲话，只要看一眼听者姿势，
就会明白他的讲话是否吸引听众。

读眼术：眼神最是骗不过

俗话说："眼睛是心灵的窗户。"从一个人的眼睛中，可

以读懂一个人的大概。从眼睛的窗户向内心深处张望，就可以了解一个人心理动向。所以眼睛在五官中是至关重要的。

心理学家的研究告诉我们，人内心的隐秘、心中的冲突，总是会不自觉地通过变化的眼神流露出来。泰戈尔说得好：任何人"一旦学会了眼睛的语言，表情的变化将是无穷无尽的"。

在人的一生中，应用得最出色的要数目光语了。更多的时候，人们能从眼睛中了解事物的大致面目来。因为，眼睛乃"五官之王"。从医学观点来看，眼睛是人类五官中最敏锐的器官，它的感觉领域几乎涵盖了所有感觉的一半以上，比如说，人们吃食物时绝不仅靠味觉，同时会注意食物的色、香以及装食物的器皿等。如果在阴暗的房间里用餐，即使有可能吃的是鱼翅熊掌、燕窝海参，也会产生不安的感觉。相反，如果在一流饭店或餐厅用餐，用精致的器皿装食物，并重视灯光的调配，定会增加饮食者的胃口，吃得津津有味。可见眼睛在生活中的作用。

有时，一个人的内心活动，从这个意义上来说，眼睛似乎也会说话。对于一个人来说，透过眼睛就能看出他心之所想。人的很多秘密往往都从眼睛之中泄露出来，这是每个人都很难隐瞒的事实。孟子也在他的书中说道："存乎人者，莫良于眸子。"他认为只要能够读懂人们眼睛中的秘密，就不会被人欺骗了。眼神有动有静，有散有聚，有流有凝，有上扬，有呆滞，有阴沉，有下垂，仔细参悟以后，通过眼神必可使人情毕露。所以对于一个领导者来说，留意下属的眼神，并对其眼神中所透露出的信息正确解读，将会大大有益于管理。

　　我国历史上也不乏成功地从眼睛识人的例子。曹操这个人在历史上的名声并不太好，是中国历史上著名的奸雄，但就他本人的才能而言，在当时也算得上是一个极其难得的人才。如果他不擅权弄政，不显露本性，仍像未夺得朝政大权之前那样勤奋忠心地工作，俭朴地生活，说不定会成为一个流芳百世的周公式的人物。

　　曾任太子少傅的彭光看到曹操之后，悄悄对大儿子说："曹操神清而朗，气很足，但是眼神中带有邪狭的味道，专权后可能要坏事。我又不肯附庸他，这官不做也罢。"从眼神上来分析，"神清而朗"，指人聪明俊逸，不会是一般的人；眼神有邪狭之色，说明为人不正，心中藏着奸诈意图。于是上书，称自己"昏乱遗忘，乞骸骨归乡里"，曹操可能也感觉到了彭光看出一些什么，但抓不到把柄，恨恨地同意了他的辞官，却又不肯赏赐养老金。彭光通过归隐田里成功地避免了祸患。

　　一个成功的领导者，具有从眼睛中看透心理活动的本领，在管理上往往能够事半功倍，无往而不胜。总体上来说，眼神清的人，通常表示此人清纯、澄明、无杂念、端正、开明。眼神浊的人，往往昭示此人昏沉、驳杂、粗鲁、庸俗和鄙陋。而生活中，常有那些仪表不俗、举止轩昂之辈，想一眼识破他的行径，就可能比较困难了。美国的一个著名的心理学家罗伯特针对这种情况给我们提出了不少的建议。在他的一本书中他分析道：

（1）下属目光呆滞黯淡，通常说明他是个没有斗志而索然无味的人，你可以努力地挑起他的工作欲望。

（2）下属目光忽明忽暗，有可能说明他是工于心计的人，他很难接受语言的诱惑。

（3）下属目光飘忽不定，通常表示这是个三心二意或拿不定主意、紧张不安的人。

（4）下属眼睛闪闪发光，通常表明对方精神焕发，是个有精力的人，对会谈很感兴趣，同时也意味着他是很难应付的人。

（5）下属目光炯炯有神，一般看来他是个有胆识的正直之人。

心理学家埃伯斯在《领导者如何了解下属的心理》一文中说道："假如一个下属眼睛向下看，而脸转向旁边，表示你被拒绝了；如果他的嘴是放松的，没有机械式的笑容，下颚向前，他可能会考虑你的提议；假如他注视你的眼睛几秒钟，嘴角乃至鼻子的部位带着浅浅的笑意，笑意轻松，而且看起来很热心，那么这个下属就值得信赖。"从眼睛识人，是一种领导者判断下属的良策。

透过言谈举止识人

人的言辞往往流露了一个人的本性，通过言谈举止来透视下属是一个最直接也最经济的办法，但这也是一种复杂的艺术，因为每一个人都有言不由衷的时候，所以作为一个老板掌握从言辞判断下属的性格的方法是一项必备的管理技巧。

在日常生活当中，善于观察的人能从偏颇的语言中知道对方性格的特点，就像孟子所说：错误的言辞我知道它错在何处，不正当的话我知道它背离在何处，躲躲闪闪的话我知道它理屈何处。其实从其言辞分析其性格，说起来很简单，但是其中往往蕴含着很大的学问。

有的人言辞偏颇，这些不当或夸大的言辞常在忘乎所以时出现，例如不论在人们之间高兴或不高兴，人们都容易夸大了坏处的话。凡是夸张的话都好像是说谎，正因为如此人们都不大会相信，而传达这种不大令人相信的话的人往往要遭到祸殃。在我们的周围，有的人言辞锋锐，抓住对方弱点就不放手，看问题往往一针见血，往往能说到点子上，展现了其非凡的才能。领导在用人时，应考虑他在这方面的优点，这种人能够成为公司中难得的栋梁之才。

有的人侃侃而谈，宏阔高远却又粗枝大叶，不大理会细节问题，这种人往往志大才疏。优点是考虑问题志向远大，善从整体上把握事物，大局观良好，缺点是理论缺乏系统性和条理性，论述问题不能细致深入，做事往往不能考虑周全、面面俱到。

有的人不屈不挠、公正无私、原则性强、是非分明、立场坚定，缺点是处理问题不善变通、非常固执，但是如果巧妙地运用这种人，往往也能够发挥巨大的作用。

有的人知识面宽，随意漫谈也能旁征博引，各门各类都可指点一二，显得知识渊博，学问高深，正像古人所说的"才高八斗"。但是这种人的缺点是脑子里装的东西太多，系统性差，往往眼高手低，如能增强分析问题的深刻性，会成为优秀的、博而且精的全才。这种人也往往反应不够敏捷果断，转念不快，属于细心思考型人才，如能加强果敢之气，对新生事物持公正而非排斥态度，会变得从容平和，有长者风范。

有的人接受新生事物很快，听到新鲜言辞就能在日常工作中活学活用，而且往往都可以小试牛刀。缺点是没有主见，不能独立，如能沉下心来认真研究问题，形成自己的一套思路，无疑会成为业务高手。

有的人独立思维好，好奇心强，敢于向权威说不，敢于向传统挑战，开拓性强。缺点是冷静思考不够，易失于偏激，可利用他们做一些有开创性的事。

有的人用意温润，性格柔弱，不争强好胜，不轻易得罪人，可以说是一个老好人。缺点是意志软弱，胆小怕事，雄气不够，怕麻烦，如能增强毅力，知难而进，勇敢果决，会成为一个外有宽厚、内存刚强的人。

单单了解以上的这些语言跟性格之间的关联还是不够的，关键是对于这些东西活学活用，正如德国一个著名的哲学家说的："对于一个优秀的人才来说，单单掌握理论是不够的，重要的将这些理论化为现实的力量。"对于一个领导者来说，其在这方面首要的一个步骤是，学会如何从谎话中识别人。

　　小时候父母就教导我们，不要说谎，并反复告诫我们，说谎是人变坏的开始。但是不论是生活中还是工作中这种事都是很难避免的。这种说谎的艺术随着年龄的增长变本加厉，当我们小的时候说谎时明显地用手遮住嘴巴，并且脸会羞愧地变红，潜意识是想防止谎话从嘴里出来，长大后这种手势则变得精练而又隐蔽。许多成人会用假咳嗽来代替，还有的则是用大拇指按住面颊，或用手来回抹着额头。女性说谎最常见的是用手撩耳边的头发，似乎企图把不好的想法撒开。再如，你去同事家串门，尽管主人表示欢迎，但多次看表，那表明此时你的来访打扰了他；告别时，尽管他再三挽留，而身体准备从沙发上起来，眼光瞟向门边，则表明你的离开是时候了。

　　心理学家研究证明，一个人一开始说谎，身体就会呈现出矛盾的信号：面部肌肉的不自然，瞳孔的收缩与放大，面颊发红，额部出汗，眨眼次数增加，眼神飘忽不定。尽管说谎者总是企图把这些信号隐藏起来，但是往往很难如愿。而且一个人在电话里说谎比当面说谎要镇定从容。利用这一特点，老板在与下属谈话时应该尽量当面谈，与下属面对面，目光直视，这样就会让其体态语言暴露无遗。应该让下属背靠墙，从而解除他的防备心理，这样会使他谈话时候坦白一些。

　　有时，对方谈吐的速度、口气、声调、用字等，蕴藏着极为丰富的第二信息，撩开罩在表层的面纱，能探知一个人的内心真实想法。一般来说，如果对方开始讲话速度较慢，声音洪亮，但涉及核心问题，突然加快了速度，降低了音调，十有八九话中有诈。因为在潜意识里，任何说谎者多少有点心虚，如果他在某个问题上支吾其词，吞吞吐吐，可以断言他企图隐瞒什么。倘若你抓住关键的词语猛追不放，频频提问，说谎者就会露出马脚，败下阵来。

在这一方面我国晚清杰出的政治家和军事家曾国藩就是一个很好的例子。他指出："观人之道，以朴实廉价为质。有其质而附以他长，斯为可贵。无其质，而长处亦不足恃。甘受和，白受采，古人所谓无本不立，义或在此。"可见曾国藩非常强调从言谈的举止之中去分辨一个人，他进一步分析道："将领之浮滑者，一遇危险之际，其神情之飞越，足以摇惑军心；其言语之圆滑，足以淆乱是非，胡楚军历不喜用善说话之将。"

可见，曾国藩的观察人才的标准，以朴实廉正耿介为最本质的。有了根本再使其有其他特长，这是难能可贵的。没有根本，其他特长也不足倚重。甘甜的味道容易调和，洁白的底色容易着彩，古人所说的没有根本不能成器，就是说的这个意思。

作为一个领导更要认真学习曾国藩的用人识人的艺术，用真诚之心自我约束，虚心与人相处，公司的事业就会蒸蒸日上。

从眉毛读懂人的情绪波动

当你与下属做面对面的交谈时，可以通过眼眉的运动和前额皮肤的舒张，做出不同的表情，这些动作在传递情绪的变化时是非常重要的。每当我们的心情改变，眉毛的形状也会跟着改变，而产生许多不同的重要的信号。

前额、太阳穴、眉毛组成的额头，是人类智慧的象征，也是人类区别于其他动物的一个标志；而眉毛的活动，则是一个人情绪变化的反应。心理学家指出，眉毛有20多种动态，不同的动态可以表示不同的情绪。与眉毛动态相关的心理主要有：

（1）双眉上扬，表示非常欣喜或极度惊讶。

（2）单眉上扬，表示不理解、有疑问。

（3）皱起眉头，要么是对方陷入困境，要么是拒绝、不赞成。

（4）眉毛迅速上下活动，说明心情愉快，内心赞同或对你表示亲切。

（5）眉毛倒竖、眉脚上拉，说明对方极端愤怒或异常气恼。

（6）眉毛完全抬高表示"难以置信"。

（7）眉毛半抬高表示"大吃一惊"。

（8）眉毛正常表示"不做评论"。

（9）眉毛半放低表示"大惑不解"。

（10）眉毛全部降下表示"怒不可遏"。

（11）眉头紧锁，表示内心忧虑或犹豫不决。

（12）眉梢上扬，表示喜形于色。

（13）眉心舒展，表示其人心情坦然、愉快。

每当我们的心情改变，眉毛的形状也会跟着改变，而产生许多不同的重要的信号，下面我们从 7 个方面来详细地分析。

（1）低眉。又称皱眉。眉毛并非垂直降低，同时也略微内向，使眉间距离更加接近。当感觉受到侵略、心感恐惧时，人们往往会皱眉。

在遭遇危险时，光是低眉不够保护眼睛，还得将眼睛下面的面颊往上挤，以尽可能提供最大的防护，这时眼睛仍保持睁开并注意外界动静，这就形成了皱眉的动作。这种上下压挤的形式，是面临外界攻击时典型的退避反应，眼睛突然见到强光照射时也会如此。当人们有强烈的情绪反应，如大哭大笑或感到极度恶心时，也会皱眉。

一般人常把一张皱眉的脸设为凶猛，而不会想到那其实和自卫有关。一个大笑而皱眉的人，其实心中也有轻微的惊讶成分。

皱眉有时还可代表诧异、怀疑、否定等。

（2）扬眉。眉毛不是垂直上升，当眉毛扬起时，会略微向外互相分开，而造成眉间皮肤的伸展，并使短而垂直的皱纹拉平。同时，整个前额的皮肤被压挤向上，造成水平方向的长条皱纹。

当人的某种冤仇得到伸张时，常会扬眉吐气。一个眉毛高挑的人，正是想逃离庸俗世事的人，通常有自炫高深的傲慢表现。双眉一起上扬，表示非常欣喜或极度惊讶；单眉上扬，表示对别人所说的话、做的事不理解。扬眉还可以表示危机减弱时，重新审视周围的环境。

眉毛打结，指眉毛同时上扬或相互趋近，和眉毛斜挑一样。

（3）眉毛斜挑。这是前述两种动作的混合，两条眉毛一条降低，一条上扬。它所传达的信息是介乎扬眉与低眉之间，半边脸显得激动，半边脸显得恐惧。这种动作的人，心情通常处于怀疑状态，扬起的那条眉毛就像是提出的一个问号。

（4）眉毛打结。眉毛同时上扬及相互趋近，和眉毛斜挑一样。这种表情通常表示严重的烦恼和忧郁，有些慢性疼痛的患者也会如此。急性的剧痛产生的是低眉而面孔扭曲的反应，较和缓的慢性疼痛才产生眉毛打结的现象。

在某些情况下，眉毛的内侧端会拉得比外侧端高，而形成吊梢眉似的夸张表情，一般人如果心中并不是那么悲痛的话，是很难做到的。

（5）眉毛闪动。眉毛先上扬，然后在几分之一秒瞬间内再下降，这是一种友善的行为。这种向上闪动的短捷动作，是全世界人类通见的重要欢迎信号，当两位久别的老朋友相见的一刹那，往往会出现这种动作，而且常会伴随着扬头和微笑。但在握手、亲吻和拥抱等亲密接触的时候很少出现。

眉毛闪动如果出现在对话里，则表示加强语气。每当一个人说话时要强调一个字时，眉毛就会扬起并瞬即落下，这是在表示："我说的这些你可要听清楚了！"

（6）眉毛连闪。即眉毛闪动动作在短时间内连续数次。这是一种丑角的表情，以夸张地表示欢迎。

（7）耸眉。眉毛先扬起，停留片刻后再降下，通常还伴有随着嘴角迅速往下一撇，而脸上其他部位却没有什么明显的动作。耸眉所牵动的嘴形是忧伤的，有时表示是一种不愉快的惊奇，有时则表示无可奈何。此外，人们在强调他所说的话时，也会不断地耸眉。

从脚就知道下属信不信任你

当我们和下属进行谈话，或与客户进行谈判时，如果对方对你不信任，即使他脸上堆满假笑，脚还是会呈现抗拒，甚至表现出想逃开的姿态。如果你发现对方口头上一路附和你，膝盖却愈来愈往旁边偏，就表示他是在随口敷衍你。

人类学家通常会告诉我们："脚是最诚实的传讯者。"因为多数的人都可以控制腰部以上的表情和动作，唯独这离大脑最远的肢体无法随心所欲。事实上，动物的双腿原本就是朝向"解除危机"而演化的，所以，当人们潜意识或生理上发现不对劲时，双腿的动作也会跟着紧绷，呈现随时离开的状态。

当我们和下属进行谈话，或与客户进行谈判时，如果对方对你不信任，即使他脸上堆满假笑，脚还是会呈现抗拒，甚至表现出想逃开的姿态。如果你发现对方口头上一路附和你，膝盖却愈来愈往旁边偏，就表示他是在随口敷衍你。

那么，对方的脚究竟说了什么？

两只脚踝相互交叠，你就应该注意此人是不是正在克制自己。因为，人们在克制强烈情绪时，会情不自禁地脚踝紧紧交叠，交易场上或其他社交场合中，当一个人处在紧张、惶恐的情况下，往往会做出这种姿态。

在谈判时，当对方身体坐在椅子前端，脚尖踮起，呈现一种殷切的姿态，就是愿意合作，产生了积极情绪的表示。这时，善加利用，双方就可能达成互惠的协议。

说话时，身体挺直，两腿交叉跷起，这一姿势表示怀疑与防范。所以，在谈判推销商品或个人交往中，要注意那些"跷二郎腿"的人。而对那些坐在椅子上而跷起一只脚来跨在椅臂上的人要引起警惕，因为这种人往往缺乏合作的诚意，对别人的需求漠不关心，甚至还会对你带有一定的敌意。

两手插入口袋、拖着脚步、很少抬头注意自己在往何处走的人，往往是心情沮丧的人。

双脚自然站立，左脚在前，左手习惯于放在裤兜里。这种人的人际关系较为协调，他们从来不给别人出什么难题，为人敦厚笃实。这种人平常喜欢安静的环境，给人的第一印象总是斯斯文文的，不过一旦碰上比较气愤的事，他们也会暴跳如雷。

双脚自然站立，双手插在裤兜里，时不时取出来又插进去，他们比较谨小慎微，凡事三思而后行。在工作中，他们最缺乏灵活性，往往生硬地解决很多问题。他们大都经受不起失败的打击，在逆境中更多的是垂头丧气。

两脚交叉并拢，一手托着下巴，另一只手托着这只手臂的肘关节。这种人对自己的事业颇有自信，工作起来非常专心。

两脚并拢或自然站立，双手背在背后。他们大多在感情上比较急躁，这类型人与他人一般都相处比较融洽，可能很大的原因是由于他们很少对别人说"不"。

两脚平行站立，双手交于胸前。此类人具有强烈的挑战和攻击意识。

将双脚自然站立，偶尔抖动一下双腿，双手十指相扣在腹前，大拇指相互来回搓动。这种人表现欲望特别强，喜欢在公共场合大出风头。如果什么地方要举行游行示威，走在最前面的、扛着大旗的就是这种人。

喜欢用腿或脚尖使整个腿部颤动，有时候还用脚尖磕打脚尖或者以脚掌拍打地面，这种人最明显的表示是自私。他们很少考虑别人，凡事从利己主义出发，他们经常给周围的朋友提出一些意想不到的问题。

人的心理处于紧张状态时，两腿便会不停地抖动，或者用脚轻敲地面。

当人不感兴趣或感到厌烦时，会重复不断地跷腿，一会儿左腿放在右腿上，一会儿右腿放在左腿上，表示他不想谈下去了。

说话时的"小动作"比语言更说明问题

一个人不耐烦的时候，可以控制自己的声调和表情，让别人不会发现他的不耐烦。但是他的肢体在下意识中就会做出一些透露他心中讯息的动作，而这些是人无法去伪装的，就算他的肢体表演功力很高，也会不自觉地露出一些破绽。

在与朋友谈心事的时候，有些人往往会把一些下意识动作参与其中。这些不经意的动作可能常常被人们忽略，不过，通过它们也可以洞悉别人的内心深处。美国心理学家威廉·詹姆斯说：动作好像是跟着感觉的，但在实际上动作和感觉是同时发生的，所以我们直接用意志去纠正动作，也就是间接纠正了感觉。

通常情况下，人的下意识动作有下面四个：

1. 谈话时，手会不停地搓揉着耳朵

这种人要么自己无法安静下来，要么就是很喜欢讲话，不喜欢当听众。通常一个人不耐烦的时候，可以控制自己的声调和表情，让别人不会发现他的不耐烦。但是他的肢体在下意识中就会做出一些透露他心中讯息的动作，而这些是人无法去伪装的，就算他的肢体表演功力很高，也会不自觉地露出一些破绽。如果你发现你的听众一直地摸耳朵，这个时候，你最好停一下来征询对方的意见。不然，很有可能是你说你的，他烦他的，这样，你们的人际关系就不容易搞好了。

2. 谈话时，手会不停地触摸下巴

这种人是一个很喜欢思考却又很敏感的人，常常一个人

陷入沉思中，连他在讲什么他都听不见。如果下次见到他，再提起上次聊天的事的时候，他一般都答不出来。这种人虽然是喜欢想东想西，但是还不至于会去算计别人，只是有时候会钻牛角尖，一个人陷入思考的迷宫中走不出来，在人际关系的表现上也是比较神经质一点。所以，对一些事情要给他一些暗示，不然，他就会一个人乱想。

3. 谈话时，一只手会不经意地撑着脸颊

这种人不会太爱冲动。这种人通常是整天懒懒散散地，做什么事都提不起劲，对于朋友的事也不会很热心，似乎一整天就想发呆。他会一只手撑着脸颊，表示他无法专心地听你讲话，只期待你快点结束话题，或者是轮到他发言。事实上，他也不是真有什么话要讲，只是觉得你的谈话很烦而已。如果你跟他不是很熟，你在讲话时看见他一只手撑着脸颊，那你最好就赶快结束话题，不然就是换一个他感兴趣的话题，才不会得罪对方。

4. 在和朋友谈话时，拇指托着下巴，其余手指遮着嘴巴或鼻子

这种人办事很有主见。因此他在讲话时，他总是以手捂住嘴巴附近的部位，这就暗示他似乎不是很同意你的说法，只是他不好意思说出来，而这种动作就是潜意识怕一不小心说漏嘴的防卫姿势。

通常会以手遮住嘴巴或鼻子的人，在心理的反应上有两种可能，一个就是想反驳你，一个就是在说谎。你了解了这

种肢体的反应之后，如再遇到他有这种姿态，就可更仔细地观察他是在听你讲话时遮嘴，还是说话时遮嘴。如果是说话时，那就很明显的是言不由衷；如果是听你说话时，那就是不同意你的说法，你说话时最好有所保留。

下篇

解读情场行为密码，洞悉俘获幸福爱情的"潜台词"

第一章

赢得爱情靠眼力，从小动作
看出异性对你的好感度

触碰你的随身物品，是要和你牵手的前兆

有时候，你和某个男生已经互相有好感，甚至已经开始约会，两人也聊得很开心，但他却迟迟没有牵你的手，这时候女生们都会很疑惑：他是真的喜欢我吗？还是因为害羞而迟迟不敢行动呢？遇到这种情况，不妨先仔细观察一下你们在一起时他的各种小动作，例如他是不是经常把玩你随身携带的包包、手机、吊坠，等等。如果他经常触碰你的随身物品，那么在潜意识里他非常想牵你的手，只是暂时还没有行动罢了。

之所以要观察他对你随身物品的态度，是因为一个人随身携带的东西，虽然不是自己身体的一部分，却扮演着"肢体延伸物"的角色。当他想要触碰你，却不好意思或者觉得太唐突，就会先试着触碰你的随身物品作为过渡，相当于间接地接触你的身体。这同时也是在试探你的反应，如果你给

他机会，他才敢大大方方地牵起你的手。

同时，从他触碰的物品种类，可以看出他对你有好感的程度。

在有好感的初期，他会触碰你的"非直接贴身"的私人物品，例如手机、提包等，这些物品是属于你个人的，但没有直接和身体接触，相当于和你接触的入门仪式，借由观察你的手机和提包来制造话题，拉近彼此的距离。

如果他进一步研究你的手表、项链、耳环等这些与身体直接接触的物品，则表示他已经非常喜欢你了，通过接触这些配件来触碰你的身体，进一步试探你的反应，如果你不反感，等于告诉他"牵我的手吧"，他便会大胆行动了。

四种牵手方式，显示不同的亲密度

情侣之间牵手恐怕是最普通的行为之一，只要不是害怕被别人看见的地下恋情，牵手一定是少不了的。然而，牵手也有很多种形式，看他如何牵你的手，能够知道他内心对你的亲近程度。

1. 让你挽着他的手臂

这种挽手臂的牵手方式很常见，通常女方属于小鸟依人类型的，依偎在男朋友的身边，而男方通常比较成熟、稳重，有点"兄长"的感觉，对女朋友非常照顾，不喜欢那种像小孩子一样手牵手的方式。但如果他从来不跟你手牵手，只让你挽住手臂，那就要提高警惕了。不肯让你触碰手掌的男人和你之间一定还有隔膜，他对你还有防备或者隐瞒了什么。

2. 让你牵他的手指

处于初恋阶段的两个人可能因为害羞而只牵手指，但如果他一直如此，往往在心里也藏了某些秘密，有事情瞒着你。与挽手臂的情况类似，他不让你接触他的掌心，也就是仍然把你当外人，还没完全对你敞开心胸，当然也不排除他有严重的"手汗"问题。

3. 像握手一样牵你的手

当他用整个手掌握着你的手，说明你们之间的关系很正常，他和你在一起很自在舒适，凡事都愿意和你分享，同样也希望你很坦诚地对待他。

4. 和你十指紧扣

正所谓十指连心，如果他不满足于握你的手，而要和你十指交缠相扣，多半是处于热恋的阶段，想要和你密切地接触，甜蜜的感觉藏也藏不住。另一方面，也可能是他感受到某种危机，想要通过亲密的十指相扣来确认你们的关系，获得安全感，此时，可能你们的感情出了某些问题，需要沟通一下。

总之，通过观察情人之间不同的牵手方式，可以判断出他们的亲密程度。

约会中的小动作，预知他的下一步行动

第一次约会之后，最想知道的事情恐怕就是："他对我的印象如何？还会约我出来吗？"由于不知道对方的态度，常常

忐忑不安地等待，如果对方并没有继续接触的想法，岂不是一厢情愿浪费时间。其实，从约会中他的小动作，便可以知道他对你的好感程度，预测他会不会再继续约你。

如果约会时，他会不经意地帮你拨拨头发，耐心地帮你把被风吹乱的头发重新理顺，说明在他心里已经把你当成很亲密的人了，潜意识里希望看到你头发整齐光洁的样子。这和许多灵长目动物互相"梳毛"的动作非常相似，例如猩猩和猴子会用手耐心地为对方梳理毛发，以表达关心和爱护之意。无论是帮你理顺头发还是整理卷起来的衣角之类的动作，都是一种自然流露的疼爱表现。

如果他更进一步，抚摸你的脸颊，则更是一种表现亲密的方式。通常我们只会对非常亲密的家人、恋人或者小孩子，才会抚摸对方的脸颊，这是非常怜爱和亲密的表现。如果他在帮你拨头发的同时，顺手轻触你的脸颊，表明他内心对你已经产生了明显的怜爱之情，想要亲近你、爱护你。虽然可能只是一个顺手的小动作，却比他说上10句"你真美"更能表露心意。

再看约会结束时他的动作，即使是第一次约会双方通常都要有礼貌的握手，就算是害羞的男生，握一下手也不过分。如果连礼节性的握手都没有，那么这个男人不是不懂礼貌，就是真的对你没有兴趣，下次再约会的概率几乎为零。如果他想要再约你，握手之后他还会趁机用手碰碰你的手臂，稍微大胆一点的男性，可能还会拍拍你的肩膀或者轻轻搂抱一下。如果仅仅是礼貌性地握手，那么下一次见面的机会也很小。

有的男性即使是第一次约会，也会拥抱你，看起来非常热情，这类男性多半是情场老手、阅人无数。他也很可能再约你出去，但并不一定是认真和你交往，这样的男人最好远离以免自己受伤。

从双腿摆放的方式，看出他对你的好感度

如果仔细观察你会发现，很多男性在自己喜欢的女性面前很善于摆造型。通常男性在站立的时候，如果在很自然的状态下，两腿会自然站开，双脚间的距离与肩同宽或者略小于一些，一般不会双腿并拢呈立正的姿势。然而有的时候，你会发现一些男性在你面前双腿比平时站得更开，两腿间的距离大大超过肩宽，而且脚尖是朝外的。这种站姿是男性典型的开放性姿势，仿佛在展示自己的胯部，好像是整个人都对你"敞开"。这种看上去不十分雅观的姿势，来自于男性的生物本能。双腿叉开，正好突显了男性独有的"重要部位"，以此在自己喜爱的女性面前展示男子气概，虽然很多女性都十分反感这种站姿，但仍然有很多男性会在不经意间摆出这个姿势。如果他这样站着和你谈话，那么就等于告诉你，你的魅力唤醒了他体内的雄性荷尔蒙，他很愿意和你更加亲近。

接下来可以继续观察他的双手，如果双腿叉开的同时，他双手叉腰或者把手插在皮带的位置，就好像美国西部片里牛仔的姿势，那么他可能是想在你面前表现得又帅又酷，什么都不在乎的样子。而如果他双手交叉放在身前，正好遮住胯部，那么他对你可能还有些害羞，所以下意识地遮住自己

的"重要部位"。

喜欢你的男人，不会一直凝视你

恋人之间深情对望的场面相信大家都见过，然而长时间地凝视并不一定是爱的表现。相反，真正喜欢你的男人，不会一直盯着你看。当你说话时，他会忍不住看看你，但是过不了几秒钟就会把视线移开，过了一会儿又会再次把视线投向你的脸。

回想一下自己初恋时候的经历就会发现，想看又不敢看，是男性和女性共有的天性。趁对方不注意的时候偷偷看几眼，但又害怕被对方发现，所以几秒钟之后就会把视线移开，装作没事的样子，可过一会儿又忍不住再看几眼。如果一不小心正好和对方四目交接，更是惊慌失措，如果是害羞的人，可能脸马上就红成一片。而如果是对你没什么感觉的人，则不会有这种害羞的反应。总之，越是心中喜欢的人，越不敢长时间地凝视，总是想看又不敢看，眼神会在你的脸和旁边的景物之间来回移动。

同样，如果你们谈话时，你发现他无法一直凝视你，总是过不了多久就移开，假装看看窗外的景物，做出一副思考的样子，当然他也有可能是故意在耍帅装酷，但无论怎样，都表明他对你非常有兴趣而同时又很害羞的心情。

如果你还是不确定他对你的态度，不妨趁机做个试验。当他看你的时候，你也把目光投向他，看他是不是会立刻移开视线。之后，你再假装看别的地方，用余光留意他的眼神。如果他又再次把目光投向你，那么就可以确定，他对你有好感。

烟不离手的男人，只把你当普通朋友

虽然一直在提倡戒烟，但是如今吸烟的男士仍然占大多数，不论是社交需要还是释放压力，香烟已经是大多数男士离不开的必需品。女性通常对男性吸烟非常反感，一来是讨厌呛人的烟味，二来是不想受"二手烟"之苦，因此，有涵养的男性在女性面前总会稍微克制一下，尤其是在自己心爱的女性面前，会尽量不吸烟。如果你想要了解他有多爱你，不妨看看约会当中他吸烟的次数，除非你自己也是"瘾君子"，否则那些和你约会还烟不离手的男人，多半只是把你当成普通朋友。

如果他平时烟不离手，但和你在一起时总是能够克制自己尽量不吸，这足以说明你在他心中占据了很大的分量，你对他的吸引足以让他暂时忘记吞云吐雾的快乐，或者他愿意为了你一直忍着不抽烟。

相反，如果约会过程中，他仍然忍不住不时地找机会避开你抽一根，甚至只要是在户外活动的情况下就尽情地吞云吐雾，说明他虽然重视你的感受，但内心重视你的程度仍然不如重视尼古丁的程度。

如果你的约会对象刚好有吸烟的习惯，而你又想立刻了解他对你的重视程度，不妨在约会的过程中故意制造一些让他单独行动的机会，看他是立刻开始享受尼古丁还是想要一直和你待在一起。

从约会的动作获得女孩的心理信息

情人的约会是浪漫的、甜蜜的。约会不一定需要烛光晚餐，花前月下，而只要两个人心心相印，情投意合。

你和恋人在周末的夜晚坐在环境雅致、音乐舒缓、富有浪漫气息的咖啡厅里。此时，对面女友的动作将透露出她心底的某种信息。

如果在你们的交谈中，你的女友不停地更换脚的姿势，说明她此时正心浮气躁、寂寞难耐，心中有情绪需要宣泄。

如果她在用手摆弄头发，那么有两种情况：一是她在轻轻地抚摸头发，这是她心底渴望你用温柔的言语体恤她的意识的表现；二是她用力地拨弄头发，这是她觉得受到压抑或对某事感到后悔的表现。

如果你的女友总是在拉扯自己的裙子，很在意裙子的长短和覆盖面，这是她自我防卫心理的显示。她能够想象自己衣冠不整的模样，所以严阵以待。

如果你的女友正含情脉脉地注视着你，那么她一定爱你很深。她很用心地听你讲话，眼神和你交汇时也不岔开视线，这一切都说明她正全心全意地爱着你。

如果她总是在用手抚摸自己的脸颊，那么这是她想要掩饰自己的感情或不愿泄露自己的真实本意而在无意中表现出来的动作。你们相处一定不久，或许还没进行表白。

如果女孩托着腮帮听你讲话，是一种渴望被认同、被了解的流露。其实她并不是在认真地听你讲话，而是在对你的迟钝和不解风情做无言的抗议。

如果女友用一只手捂着嘴巴，静静地听你畅谈，那么这说明她正在控制自己按捺不住的喜悦之情。她太喜欢你了，所以正在尽力掩饰自己内心的激动，认定你就是她的白马王子。

如果她常用手摸鼻子或脸颊、耳朵，这是表示她有些紧张，力图掩饰自己，害怕脸颊泄露自己的秘密。她正处于恋爱初期，恋爱使她更加认识到自身的价值，另一方面，她也想让自己不要脸颊绯红或不由自主地含情脉脉，以免让你看见以为她已经非你不嫁。

读懂她的"爱意表达五部曲"

正所谓"同性相斥，异性相吸"，当两个异性互相接近时，其身体都会发生一系列的生理变化。心理学家阿伯特·谢夫伦的试验也证明了这一点。通常情况下，在遇到异性时，为了准备一次可能发生的交往，双方身体血液的流速会加快，脸和脖子会发热，脸部和眼部周围水肿的肌肉会大大减少，身体的很多肌肉也会突起和绷紧，整个人显得精神抖擞，神采奕奕。

如果是一位大腹便便的男士，那么他的肚子会自动收缩，挺起胸膛，并尽可能地显露出更多的腹肌来，以显示自己的男子汉气概，吸引异性的目光；如果是一位女士，那么她会不由自主地挺起自己的胸部，同时提起自己的臀部，以展示自己的女性魅力，吸引异性的注意力。

　　如果你想观察这些变化，一般来说，海滩或游泳馆是最佳场所。因为在这些地方人们普遍都会穿得很少，这十分有利于观察他们身体肌肉的变化，以及抬头、挺胸、收腹等动作。通常情况下，当一个男性和一个女性面对面逐渐靠近时，上述这些生理变化和一些肢体动作就会渐渐显露出来。而当他们彼此走过之后，双方的身体就会迅速恢复到各自原来的状态。

　　人类学家通过研究发现，人类的求爱过程可以大致分为5个阶段。一般来说，当一个人遇见自己心仪的对象时，都会经历这5个阶段。

第一阶段：眼神交流

　　当一位女士在某个场合中发现了一个令自己心动的男士后，她会做出一些动作来吸引对方注意自己。一般来说，她会寻找机会和他对视5秒钟左右，然后迅速把头扭向一边，期待该男士发现自己在注意他。当该男士发现这位女士在注意自己后，他会不停地张望着对方，直到她再一次注视着他。通常，女性如果要想自己心仪的男士了解自己的心思，她需要和男性这样对视3次。当然，在某些人身上，这种互相凝视的过程有时需要重复3次以上。

第二阶段：微笑

　　当一位女士和自己心仪的男士进行眼神交流之后，她会向他报以一个或是数个快速的微笑。这是一种并不完整的微笑，其目的是为了给他开"绿灯"，暗示他可以上前与她攀谈，以便双方可以进一步了解对方。令人遗憾的是，很多男士并不懂得女士向他们报以一个或是数个快速微笑的真实含义，所以往往不会对女士发出的信号做出回应，这就会使很多女性认为对方对自己并没有好感或是兴趣。

第三阶段：整理打扮自己

如果这位女士是坐着的，她就会坐得笔直，头微微上扬，以突出自己的胸部，同时把双手或是双腿交叉，从而增添自己的女性魅力；如果她是站立着的，就会将双腿紧紧靠在一起，翘起自己的臀部，脑袋稍微向一边肩膀倾斜，露出脖子。她会玩弄自己的头发长达 6 秒钟——就好像是在为自己中意的男人梳妆打扮自己。此外，她还可能做出舔舐嘴唇，轻弹头发、摆弄首饰等动作。男士则会站得笔直，挺胸收腹。当然，他也可能会做出整理衣服、抚摸头发，以及把大拇指塞进裤兜里等动作姿势。他们双方都会把脚和整个身体指向对方。

第四阶段：交谈

在双方进行眼神交流、微笑，以及整理打扮后，他就会大胆、主动地向她走去，以便双方进一步交谈。一般来说，他会使用这些老掉牙的开场白："你真漂亮""我一定在什么地方见过你""你真像我的一个朋友"，等等。

第五阶段：触碰

当她和他交流后，如果很欣赏对方，她就会寻找一些机会来轻轻触碰对方，可能是"不小心"碰到，也可能是其他情况。无论是哪种情况，其最终目的是向对方示爱。一般来说，相比于触碰对方的手，触碰对方的肩则又前进了一步。通常，每个阶段的触碰都会重复几下，从而确定对方是否注意到或是喜欢自己这样触碰他/她，也让对方知道这样的"触碰"不是偶然的，而是自己刻意为之。轻轻地掸拂或者触碰男性的肩膀会让他觉得该女性是在关心他的健康和外表。握手则是一种进入触碰阶段的快捷方法。

表面看来，这 5 个求爱阶段有点无足轻重，甚至带有不少偶然成分，但它们在每一段新的恋情中起着非常重要的作用。有趣的是，这也是大多数人，尤其是男性感到困惑的阶段。

第二章

女人的心思不难猜，解读女人微反应揣摩其真实意图

从相貌选择贤妻

俗话说："妻不贤，不孝子，顶趾鞋，无法治。"一个男士无后顾之忧，全力以事业为主，成功的机会也当然大增，何谓无后顾之忧呢？人生选择中最重要的选择之一，就是择妻，可见娶个贤妻的重要性。

从外貌上看，什么样的女性具备"贤妻"的资格呢？

1. 唇红齿白

嘴唇色泽偏红，同时齿列整齐不尖不龅、齿色偏白，伴随这种面相的是声音偏向柔美，咬字清晰。拥有这种相貌的女子是能够享受美好生活的女子，她们最大的性格优点就是性格中庸，既不情绪化也没有大起大落的生活，而且很善解人意，使得家庭内聚力强，感情基础坚实。

2. 下巴圆满

下巴长得圆圆满满的女孩子，不仅相处起来容易，也是

相当善解人意的女人。娶到这样的女子为妻，做丈夫的应该非常的幸福，因为她们是标准的贤内助，对全家人都相当的关心和照顾，而且开朗大度、温和敦厚，是可以信赖相守的终身伴侣。

3. 声音柔和

声音柔美甜润、中气畅旺的女子，即使长得平凡，却都能配得条件相当不错的男性。声音柔和的人，个性多半温柔、体贴，绝对是贤内助的典型。而中气十足，表现这个人的身体强健，特别是语出丹田，表心气相通，浑然达于外。她们婚姻得以和谐幸福。

4. 眼神清澈

眼睛稍大，眼珠黑白分明，明亮慧黠，就像漫画中的女主人一样，有这种美丽眼睛的女子，都是天真、单纯、开朗、带点孩子气的美少女。她们漂亮、气质好，而且彬彬有礼，没有令人难以忍受的傲气，也因为命好，平日多用正面的思考来看待世人，尽管有低潮与挫折，但面对逆境却有克服与转移的一套思维，有这样的妻子，真幸福！

5. 田字脸

所谓的田字脸，就是额头偏方型且腮骨突出，同时脸上有着丰腴肉质，整个脸型方中带圆。这种女子心地坦荡宽阔，好交朋友又乐于助人，同时也是心思缜密，会帮朋友渡过难关的慈善家，没工作的，她热心地帮人家安排，缺业绩的，她会帮着找买主。无论如何，愿意付出比别人多的田字脸型的女人，娶到她等于同时拥有一堆真心好朋友。

6. 鼻子高挺

有着鼻直而挺、山根丰隆、鼻翼饱满的鼻相，这样的女子多半都很有贵气，拥有如此优良鼻相的女子，就算书念得不是很好，也不见得没出息，因此凭着她的自信与干练，事业上会有所收获。而荫夫帮夫是大鼻美女必定会做的事。

7. 柳叶眉

眉型弯曲的幅度相当大，同时呈现弧形，且从眼头长长的到达眼尾的后方，这种柳叶眉的女子都是无比的善良、心地特好的温柔佳人。不过生有这种眉形的女子并不多，遇到了，就要积极把握，以免错失良机，被其他的人追走了。

8. 垂珠厚大

耳垂大又柔软的女人，对人十分宽厚，尤其对自己的丈夫、孩子，都会有一份温馨、体谅的心意，有福荫、有人缘，这样的女人有福气极了！如果你的太太是个有福气的人，全家人一定能接收到她的福气，享受到衣食无忧的生活。

9. 人中清晰

女性要是具有清晰、深长的人中，必定是生殖能力强，所生子息也容易心存孝道、聪明多福，未来成就高。人中形美，也是长寿的表征，故而人中也有"寿堂"之喻。

10. 毛发柔软

发质倾向柔软，个性会很柔和，不会自寻烦恼，不自找麻烦，这样的女人生活会相当安静，是个随遇而安的人。

同时，个性柔软的人还有个好处，行事上不见得没有主见，而是协调性和妥协性很高，总能面面俱到地帮家里解决问题，分忧解劳。

从女人的眼睛观察她

从表面上看，大眼睛女人很吸引人，然而，大眼睛女人通常没有小眼睛女人聪明。因为大眼睛女人老是被人观察，小眼睛女人总是观察别人。

男人的心理也很奇怪，一方面欣赏大眼睛女人，另一方面又警惕大眼睛女人。对小眼睛女人，男人即使知道眯眯眼很狡猾，也会掉以轻心。男人容易战胜大眼睛女人，却又常常输给小眼睛女人。

有人统计过，失恋者多数是大眼睛，小眼睛总是爱情的胜利者，这种情况男女都差不多，只不过，大眼睛男人比大眼睛女人输得更惨，就某种原因而言，大眼睛通常显得很空洞，不深邃。

无论男女都会经常用眼睛去进行较量，这种较量是很精彩的。就那么一瞬间，相互对视的人就会彼此感知对方的分量。眼光浅薄的人容易被人看透，那是因为他们的眼神很混沌，光很散。

眼睛的光泽的确有明显的层次，许多有魅力的女人的眼睛不一定大，但显得很清亮、深远，能给人以神秘感和亲和力。男人非常喜欢探索这样的眼睛。它对男人的诱惑力比较大。女人的大眼睛在艺术表演中有很高的审美价值，但在具体生活中，大眼睛却往往很吃亏。原因很简单，大眼睛总给人强烈的压迫感，令人无法直视。很多人都不敢与大眼睛对望，通常只会偷看。偷看令人心态不平衡，心理反应也很怪异。多偷看几眼，就会挑剔大眼睛的毛病。挑剔的结果大多是对大眼睛的否定，于是，再美的大眼睛也不是很可爱。

不过，大眼睛女人一旦谈起恋爱就非常幸福，因为男人与大眼睛女人独处时都有满足感，会宠爱她，所以，大眼睛女人是恋爱动物。

还有，大眼睛女人在抛媚眼方面，比小眼睛女人更具有优势。小眼睛女人无论怎样努力，她的媚眼也很难被别人发现。而一个大眼睛女人的媚眼，会令男人产生突如其来的兴奋和感动。

有时，女人的媚眼还会像指令一样，让男人完全按照自己的意愿痴痴地干傻事。

女人喜欢一个男人，她的眼睛就会有许多钩，这些钩会勾出男人的衷肠。有时一个女人办事，也会向男人发钩眼，但不少浅薄的男人会把它当成是真爱。要知道，爱的钩眼是一串串的，不仅温柔而且花样丰富。求你办事的钩眼很生硬，那钩眼的光，多看几眼很枯燥。

有水平的男人不仅能看懂女人的眼睛，还能从女人眼睛里看到自己的灵魂和价值。

女人要想征服男人，最好的办法是在自己眼里构筑令男人迷恋的世界。女人被男人征服，是因为男人有征服女人的魅力。男人被女人征服，是因为女人有一双理解男人能力的眼睛。女人的眼睛其实是无边无际的情网，一旦网住男人，男人就会被征服。

在女人无数种的眼睛中，有一种秋水眼绝对迷人。这种秋水眼表面有一层亮闪闪的秋水，那秋水神奇得很，除了无比美丽，还有极强的魔力。它能净化男人的心灵，据说，再花心的男人，一见这种秋水眼，就会变得专一。

女人的眼睛是人类灵性的大门，每一个时代都会通过女人的眼睛来体现生活的光辉。不管你是什么人，也不管你是什么层次，都能从女人的眼睛里找出自己的影子，女人的眼睛其实是一面现实的镜子。

从女人的手探视对方

女人的手势也是因人而异，既有共性，又有个性。经常两手相握，或是相搓手掌或手背的人，大多有自卑感，或是小心眼。她们时而下意识地动作，比如不自觉地看看手表，或者是时而绞弄手绢，都可表现出此人的心绪不宁，多会感情用事。

也有一些女人，喜欢大模大样地反剪双手抬向颈后，这手势有两种含义，一种是有意如此，另一种是无意识地自小养成的习惯。然而不管是有意或无意，都显示此人个性严谨，心里多虑。

有些人的双手，很自然地向下垂，或者轻轻握住，表示此人个性温和，对事情都很热心。

有的女性与人说话时，喜欢以手掩口，做这种姿势的人，比较注重小节。

一双手相互交叉握着，依横的方向不停地动，显示其心不专，心绪不定。

双手一会儿握，一会儿放，表示她做事仔细。如果看到一个有咬手指习惯的人，她可能是个梦想者。心理学家认为这种咬手指的无意识习惯，对任何年龄阶段的人来说都是不雅观的动作。经常做这种动作的人往往都是心不在焉，活在梦想的世界里。

手势不但不自觉地体现性格特征，而且习惯用作有意识表示或手谈。我国聋哑人手谈的运手姿势，武术界模仿各种动物及生活中的手势，其形式相当丰富多彩。而社会生活中的有意识手势表示，也是多种多样的。各国都有其手势在有意识中的表现特点，都必须依靠双手来提示。在美国最常见的表示"好"或"同意"时，常用食指和大拇指联搭成圈，其他3个指头向上伸，是个"OK"的手势。

总之，手的触觉、感觉、手势、自觉或不自觉都与大脑中枢保持一致，其中有不少学问难以尽举。

要弄拇指，两手各指互插拇指互相环绕运动，乃是具有积极情绪的表现，此外更有一点有趣的情形：人在愉快的回忆中时，常会慢慢旋转双手的拇指；在计划将来的事情时也会迅速地旋转拇指。

看到妇女一边跟人谈话或听人谈话时，却双手抚摩着臂膊，这正显示她非常喜欢自己，但却觉得旁人并不是像自己喜欢自己那样地喜欢她。

两前臂交叉，两手放在上臂的姿势，表示意志坚定，难以接受讨论。两肩耸起、两臂交叉的姿势表示否定、轻蔑和不信任的态度。

看到一个女人，常把手举起，将手掌对着身体胸前，用另一只手的手指抚摩手背时，此人比较吝啬；其手指紧靠一起，或曲如鸟爪，这是守财的手形，很是小气。

坐在凳子上，双手展开贴在凳子两旁或按在膝盖上表示胸襟豁朗。

从女人的腰了解对方

对于腰部动作这种无声的语言，女人相对男性来说，要微妙很多。女人的腰，是除了女人的臀部和胸部以外的性感符号，它常常是以无声的线条来表示意义的。线条和色彩是人类在有声语言之外最具表现能力的性格语言。女人的腰就是一个线条符号，不同的线条符号体现不同的性格。

1. 弯腰

众所周知，见人即弯腰行礼是日本和韩国女人的见面语言，弯腰所形成的曲线是柔美的、温顺的、流畅的，从而形成一种光滑的外表，这种女人给别人一种柔美的感觉。

2. 叉腰

把两手叉在自己的腰上，这种形象就像两只母鸡斗架的形象。这是女性一种双向的对外扩张，表示出内心的气愤和力量。这种"语言"，一般的女人不采用。但鲁迅笔下"豆腐西施"杨二嫂，却经常使用，让鲁迅看了都吓一大跳。

3. 仰腰

仰腰是"一座不设防的城市"，这叫做女人的"无防备的信号"。如果女人坐在沙发里，用仰腰的姿势对着异性，一般的情况有两种：一是对于眼前的这个男人绝对的信任，绝对的尊重，她觉得他不会给自己带来伤害；二是妓女的一种招数，她告诉眼前的男人："请跟我来"。

4. 扭腰

扭腰使腰呈现 S 型，这是性的象征。凡是女人扭腰或者扭动臀部，都蕴含了招惹异性的信号。这种语言，在服务小姐、在女模特的身上，你会经常看到。一些浅薄的男人看见模特走路，他们的嘴半天也合不起来，发愣和出神了，这自然会遭到君子的鄙夷。

5. 抚腰

俗话说，没人爱，自己爱。有的女人常常在腰部进行自我抚摸，这种自我抚摸是一种"自我安慰"的行为，同时也是一种"自我亲切"的暗示。

从女人的腿看透对方

人在惊慌害怕时，往往双腿不由自主地发抖，罪犯在接受审判时，他的腿常会首先坦白自己的犯罪心态。

腿部动作即腿部的无声语言，也是女人身体语言中最重要的一个部分。腿部是除了胸部、臀部、腰部以外的最重要的性的表现器官。所以，女人需要掌握好自己的腿语，不能粗心大意。

女人健美的大腿，不仅仅表示美，而且表现女人的力量和信心。女人走路的时候，常常可以体现女性的大腿的力度，也可以表现女人的姿态。所以，走路时抬腿不要太高，也不能太低，不能过分放松肌肉，而要稍稍收紧腿部的肌肉，这样才能达到一种完美的境界。

女人的大腿，坐在椅子上时要谨慎小心，别自我裸露，女人身体的裸露部分一般在膝盖以下，而不能在膝盖以上，裸露过多，让人觉得你这个人太轻浮；别用力抖动，抖动大腿是一种性的暗示，可能引起他人诸多的误解；别太自我张扬，过于张扬，令人感到你太开放，不够沉稳，对人没有戒心；别自我抚摸，自我抚摸大腿是一种自慰的行为；女人坐着的时候，别抬得太高，太高地抬腿，是一种没有修养的表现，尤其不能超过自己的肚脐，这是女人的腿语最重要的规定。

腿语是属于女人的专利，它的信息含量远远超过大腿本身，使用时要特别引起注意。

从女人的发型观察她

发型作为形体语言中最易辨别最具操作性的部分，全面而完整地体现了人们的内心世界，包括行为方式、个人经历、生活状态、性格和情绪等。

发型是外显的个性化符号，一个缺乏个性的人是不会有真正得体的发型的。

　　一般而言，长发者偏爱回忆，习惯于静态的思维，认知狭隘，耽于自恋，行为被动，容易放弃自我，做事仔细，性别意识较强；短发者追寻新鲜感，注意力分散，情绪更易改变，处事主动，我行我素，较为粗略，性别意识淡化。长发者较依赖别人，留恋过去；短发者相对较独立，朝向未来。长发齐整表示温顺，长发剪出层次表示野性与不羁，长发自然下垂则表示混沌未觉。短发女性化表示压抑的心态，但能够客观地审视自身在现实中的位置；短发男性化则表示心理的叛逆与躁动，以致无法平衡内心的冲突。超过腰际的特长发型与短发男性化者都存有深度的人格障碍，她们将潜存于长发和短发文化背景中的不良倾向加以巩固和强化，甚至走向极端。特长发型者表现为自我封闭和适应环境无力。短发男性化者则易于冲动，缺乏自制。中等发型者居于其间，不因人格态度而妨碍沟通，故大多较能合群，适宜过集体生活。长发者观念闭守，排拒外部信息，短发者热衷于新鲜经验且易改变。中等发型者则不那么自私地过多考虑自身利益，她们用公众意念约束自己，不因个人化的因素影响交流，故中等发型者有更多的朋友。长发者多自我感觉良好，偏爱在回忆中成长；短发者则对抗现实，宁愿抛开过去不要历史。长发者常强调自身的性别特征，其意在于以女性身份去获取照顾；短发者则厌弃女性身份，性意识（性别意识和性的意识能力）淡化，以对抗的形式和扮演激进角色为乐事。中等发型者则永远居于其间，温和而不偏激，较能把握自己。

　　女性头发披散开来表示乐观热情、恣意放任；头发被束缚则表示自我规约、压抑不满；编发表示向往早年经历，想回复原初；束发表示封闭防守或拘谨失意；挽发表示遭受挫折，心情沮丧；夹发表示暂作保留，等待时日；拢发表示有所收敛期望突破；盘发表示强调女性身份，期待唤起别人（主要是异性）的注意；扎发表示倔强自信、个性独立。

女性直发表示心意平实，女性烫发表示快乐，头发拉丝表示浓郁和热烈，局部烫发则表示在局部范围内获得愉悦。女性头发为本色则表示接受现实，染色表示浮躁与张扬，局部染色表示弱化了的或部分弱化了的染色蕴涵。发梢齐整表示驯服温顺，发梢参差则表示野性不羁，发梢卷翘表示不受约束的纯粹状态。前额置有刘海表示留恋现在执意维护现状，尤其是用发胶将刘海翻起定型者角色意识强烈，着意强调个人的社会身份；前额刘海往后箍住表示心胸开阔、思绪烂漫，两颊缀饰头发表示易于突发奇想，将头发前置则表示活泼好动与愉悦。

从戴戒指判断女人对爱情的态度

摊开双手，看看对方把戒指戴在哪一个手指头上，将会看到她内在的那一面。不过对方或许不只戴一枚戒指在手上，倘若如此，请将对方最喜欢戴的手指依次排列，找出她种种层面的性格，如果对方是根本不戴戒指的人，也是另一种对于戒指的选择，在这里同样可以找到解释。

1. 右手

（1）戴在大拇指上：对方是充满自信、骄傲、不服从别人的女人，自以为是，不需要听从或听信任何人，做错也不在乎。

（2）戴在中指上：对方是理想主义者，凡事都有一番见解，从来不在乎品位情调，只要完成工作达到目标，她有强烈使命感，有耐心完成所有工作，即使义工或为理想而没有收入的工作，她一样尽快完成。

（3）戴在食指上：对方很擅长与人竞争或夺取某些东西，这种性格特质使她在做生意或事业表现上有超于一般人的能力，她不计较他人的批评或感受，只要达到目的或得到她想取得的东西，一切代价在所不惜。

（4）戴在无名指上：对方好像有永远做不完的工作、说不完的话题，在不断的付出与取得中，忙得不亦乐乎。她常常有许多挫折感，因为她一方面是主角要掌管很多工作，却又要做许多配角去搭配别人，常有不知所措的慌乱，不知道自己该做什么样的人才能最理想。

（5）戴在小指上：对方充满了友情和博爱，喜欢带有神秘色彩的东西，哲学数理却是她最拿手的绝活，如果有机会也可以研究《易经》或命理，她也喜欢看相和星座。随和的她喜欢赞成别人，不喜欢反对别人，适合小家庭或小团体生活，不适合大家庭或大团体里的复杂人际关系，她是非常善良的人。

2. 左手

（1）戴在大拇指上：对方要很多人的拥护和爱戴，就好像政客一般，不计较仇敌与朋友，只要能投她的票都是好人，她不会把感情付出给别人，但会让别人分享她的光荣和成就，并且是为人服务、解决困难的领袖人物。

（2）戴在中指上：对方是重视仪容的人，不仅衣着高雅，态度也谦和友善，很重朋友和情义，常为朋友辛苦付出也不在乎。她会争取应有的自由与权利，是朋友中的中心人物，受人爱慕与尊敬而且自尊心强烈的人。

（3）戴在食指上：对方是勤奋工作者，对有兴趣的工作，从来不在乎花多少心血去完成它。她有喜新厌旧的性格，对过时服饰感到很厌恶，她喜欢淘汰没有用处的废物，因为她永远要表现很有效率，她不需要浮华不实的时髦打扮，但必须是品质好、坚固耐用、持久性强，在含蓄中略带一些高雅的设计。

（4）戴在无名指上：对方是家居型的人物，希望拥有一个安稳的家庭与家人，大家同心合力在一起生活，每一个人都能有自己的基本责任和义务，她有贤能和安定的个性，照顾和保护弱小或衰老的人，又能友善地与年轻或同年纪族群合作，经济、事业与家庭都能在稳定中求进步。

（5）戴在小指上：对方是自私和自傲的人物，常常能有与众不同的表现，她的胆识与见闻广博，常赢得别人景仰与信赖，渴望与众不同，因此常暗中孤芳自赏，为此经常寻找自己的天分。为了赢得别人的喝彩，她会不断地努力奋斗。

3. 完全不戴戒指

如果对方完全不喜欢戴戒指，表示她不喜欢和别人一样受拘束，有自己的主张，做自己喜爱的工作，在行为和精神上能放轻松，不受任何人干扰。她不喜欢变化太多的生活，或追求太高太远的目标，最适合自由自在过一生。

从搭车看女孩爱你的程度

女人心，海底针。还有一种说法，女人的心事你别猜，猜来猜去只会把她爱，这话没错。你在猜测之中深深地爱上她，可你依然猜不透你在她心目中的地位，你们的亲密度到底有多深呢？她是如何看待你们的关系呢？其实，何必如此烦恼，只要让她搭乘你的摩托车，从她的动作中便可知晓答案。

如果她把手扶在后面的把手上，那么表明她对你还有些距离感，对你们的关系并不十分确定。她在感情处理方面比较冷静，一时不会陷入爱情的漩涡而不能自拔。换而言之，你的甜言蜜语、柔情似水暂时还不能打动她，所以要彻底捕获她的芳心还有待加油。

如果她扶在你的腰际上，你就可以高兴了。因为她已经放下了心理防线，正在全心全意地爱你，而且爱得很理智。她认定了你是那个给她坚强臂膀的人，所以你要懂得珍惜对方！

把手放在膝盖上或者干脆不扶的女友一定很让你头痛吧？她可能只把你当作普通朋友，也可能把你当作不错的男友，她烦恼的是，有时她自己都不确定跟你是什么关系，就这样若隐若无地相处着。你要加把劲，努力一把，成功就在眼前。

如果你们还没有确立恋爱关系，一般她不会紧紧抱着你的后背。如果她真的这样，要么她为人较轻浮，要么就是向你暗示：我爱你。是前者，需要你拔出你的慧剑；是后者，你没事偷着乐吧！

从吸烟姿势看透女人的性格

经研究表明，吸烟的女性绝大多数性格外向，至少吸烟后的女性性格会外向化。外向型的女人吸烟多为追求一种刺激；而内向性格的吸烟者，则是靠抽烟解除心中的郁闷。心理学家们认为，吸烟的姿势可以表现性格。不同的姿势表示不同的性格，如自命不凡、平易近人、鲁莽、胆怯、固执己见等。

1. 喜欢将香烟叼在嘴角，烟头微微向上的类型

这类女性通常对某项工作很有经验。她们十分自信，无论前面有多少阻碍，都认为自己能够超越，愿意向困难挑战，未来发展一片光明，极有可能成为新领导。采取这种姿势的人，在富有个性化的工作上，能充分表现自己的实力。可是，她们却喜欢以自我为中心，容易忽略和得罪别人，所以在人际关系上不那么顺利，她们多数比较清高，喜欢独来独往和自由自在。

2. 夹烟时喜欢将小指扬起的类型

这类女性通常有些神经质，拘泥于小节且比较敏感。对人善恶分明，她们大多性格娇弱，平时的举止女性化，娇姿迷人。

与其他几种吸烟女性相比，她们可能对周围的人会略齐

啬。这类人由于对本身的条件要求苛刻，因此她们缺乏自信。如果这种女孩还酷爱修指甲的话，在她们的心中有些欲望无法得到满足，因此自我表现欲望强烈，而且不太善于控制自己的情绪，有动辄勃然大怒或容易焦躁不安的一面。

3. 喜欢将手夹在离烟头位置更近的人

这类女性敏感细腻，注意细节，非常介意别人的看法和评价，因而会显得有点内向。但与小指伸向外侧的那类相比，她们更善于控制自己的情绪。如果自己不开心时，不会立刻表现在脸上和动作上，遇事能比较沉得住气，属于小心翼翼、对细微小事顾虑周全的慎重派。她们会压抑自己的感情，充分思考后再采取行动。另外，她们的艺术感较佳，对美的感受力也比较强。

4. 喜欢将手夹在离烟嘴位置近的人

这类女性大多自我意识较强，喜欢引人注目，我行我素。她们通常是活泼大方、不拘小节的乐天派；坦率直爽，行动迅速而敏捷；讨厌受周围人束缚，会明确地表示自己的喜、怒、哀、乐。她们热爱社交，又喜欢照顾人，因此在聚会上很受欢迎。她们爱打扮、爱赶时髦，喜欢浪漫和新鲜刺激，在花钱上大手大脚。

5. 习惯将手夹在烟中央位置的人

这类女性适应能力颇佳，属安全型人物，待人和善。她们大多不太会拒绝别人的请求，有时心里虽不乐意，表面上仍会给对方好脸色。她们对人对事都相当小心，不管做什么事情都小心翼翼，不太提自己的意见。常会在别人行动后，经过确认后才开始行动，是慎重派的类型。她们也很在乎别人对自己行动的看法，很在意周遭之人的视线。因此，她们不会随意将自己的欲望和欲求表现于外，大多内向。

6. 抽烟时喜欢有一些身体轻轻摇晃、抖腿等下意识动作的人

一面抽着烟，一面喜欢有一些下意识动作，总是不安静，喜欢动个不停的女性，一般爱好广泛，属于只要我喜欢就好，不注重外观的类型。她们通常不太在意他人的看法，想怎样就怎样。许多吸烟的年轻女性属于这类型，但她们做事积极，待人热情。不过她们中很多人见异思迁，不喜欢也不习惯于单调、乏味的生活。

从女友与陌生人说话推知她的忠贞度

与陌生人打交道确实不容易，但也最容易暴露出一个人的心态。

公交车内，你与她同坐在一排位置上，突然，她前方座位上有位陌生男性向她问候，这时她会有什么反应？从她的反应中你可以看看她对你是否专一。

如果面对这位异性陌生人，她假装没看见，则说明她只爱你一个人，只想要你来陪伴她，其他的男性，她一点儿都不在乎。她的心灵被你占满，哪里还有什么空隙来容纳别人呢？所以，你不需要顾虑太多，全心全意地对待她吧。

如果女友马上和对方寒暄起来，则表明她有意吸引其他异性。这类女性很会掌握男性的心理，同时也善于使男性接受她，并且喜欢跟不同类型的男人在一起。但这也不过是女孩的一种虚荣心罢了，不会太严重。所以作为男友的你必须表现得更加成熟，一旦她真心地爱上了你，她就会把你们的生活变得五彩缤纷。

如果她很注意对方，等待他说更多的话，这表明她虽然在表面的行动上表现得很消极，但其实对恋爱抱有许许多多的幻想。这类女性不能说不专情，但是她们更需要男友不断地带给她新鲜的感受，否则很容易转移目标。

第三章

看穿他才能把握爱，从男人的
微行为了解其真实性情

认清男人的真面目

女人们把找到一个一辈子值得依靠的男人当成自己这一生最大的事情，更将终身的幸福押到这个选择上。有时候女人会因为一时的冲动，或急于搭建爱巢，或者因为阅历不深而被迷住双眼，结果不但尝不到婚姻的甘果，还会抱憾终生。心理学家经过调查，发现具有下列性格的男人容易将女人推进"婚姻的坟墓"。

1. 有恋母情结的男人

他们和母亲有着浓浓的血缘关系，而且长大成人后对母亲的依恋依然强烈浓厚，让母亲决定自己的婚姻以及以后的生活，更有甚者和母亲同住而远离新婚娇妻。他们通常是在家长的溺爱之下长大的。如果条件允许，他们则会进步得很快，但一旦出现意外，便会表现出缺乏判断能力的弱点，有的时候全线崩溃，和小孩没有什么区别。

2. 只爱自己的男人

他们是自恋的男人，全心全意注重自己身上的每一处，只关爱他人一点点。他们迷恋自己，通常是因为自己长得帅气、条件出众，还会故意表现出爱美的心态。如果选择这样的男人，一定要和他们的优越和美好匹配，否则就会被对方蔑视。必须清楚的一点是他们的仪态和表情如海市蜃楼一样虚无缥缈，他们只是表面的作秀者，实际上他们"嘴尖皮厚腹中空"。

3. 孤高才疏的男人

他们自命不凡，常常认为自己是这个世界上最出众的人才。他们好高骛远，而自己实际上并没有真才实学，也不肯脚踏实地地拼搏一番。他们常常自吹自擂、口若悬河，取得了一点成就就分不清东南西北了，到处夸耀。他们一点儿也不稳重，没有人会相信他们，他们注定一生碌碌无为。

4. 疑心和贪婪的男人

他们最大的缺点就是将女人视为私有财产，对妻子与其他男人交往横加干涉，疑心极大，胡乱猜疑，根本就不顾及妻子的尊严和人格，粗鲁者还会拳脚相加。爱情具有可怕的作用，那就是占有和猜忌，所以占有欲强烈的男人非常容易走上极端，对妻子或情人进行监视和压迫。

从男人的体型看性格

人们在工作或社交场合中总是把自己的内心包裹得严严实实，要想了解一个人的性格，并不简单。但是人至少有一样东西是难以包裹的，这就是他的体型。人的体型在意识范畴之外，然而却能反映内心。因此，我们可以通过体型来大致判断男人的性格。

德国心理学家和精神病学家克瑞其米尔曾经发表过《身体结构和性格》，最先将体型与性格联系起来，并进行归类和系统研究。

下面介绍 5 种不同的体型及其相关性格分析。

1. 肥胖型

这种体型的人的特征就是在胸部、腹部、臀部上厚积了一些赘肉，一旦腹部等处凝聚大量的脂肪，俗称的"中年肥胖"便出现了。这类人能很快适应周围环境的变化，大多属于好动的人，乐于偷懒和被人奉承，有时在工作中耍点小聪明。其中多数人容易被周围的人理解，是受欢迎的人。

他们的性格特征是热情活泼，喜好社交，行动积极，善良而单纯，经常保持幽默或充满活力，也有温文尔雅的一面。常常突然地改变为喧哗或文静态度，属躁郁质类型。他们中有许多人是成功的企业家，他们的理解力和同时处理许多事物的能力强，但考虑欠缺一贯性，常失言，过于草率，自我评价过高，喜欢干涉别人的言行，喜欢多管闲事。

2. 略瘦削的健壮型

这类人争强好胜，无论什么事都愿意接受挑战。他们拥有坚强信念，充满自信心，坚持不懈，百折不回，判断及裁决迅速果断，坚信"天生我材必有用"，工作中是值得信赖的好伙伴，商业交往中也是好顾客。

但这种强烈个性有时会向极端的方向发展，表现为硬干到底、专制、不信任他人、态度不好。在工作中，如果有人无法默默地顺从他们的意志时，他们就会立即与该人断绝来往。

由于这类人欠缺思考，一旦在脑海中存在某种思想后，要想改变他们的想法便非常困难。

这类人缺乏人格魅力，即使有人因其出众的才华或拥有的权力而刻意奉谀他们，也都会与他们保持一段距离，他们在家庭中也是非常容易被孤立的。

与这种人接触和交往时，不可以与他们对立。因为这类人有一定的攻击性，在自己的正确性被认同之前，必会急切地主张自我的正当性，这类人被认为属于偏执质类型。

3. 苗条型

苗条是用来赞美女性身材好的词语，但也有一部分男人可以用"苗条"来形容，他们身材修长，具有很多女性的特质。苗条型的男人大多隐藏心事，给人无法接近和无从交往的感觉。

这类人最大的特色是冷静沉着。但其性格十分复杂，存在互相矛盾的地方，属于分裂质类型。对幻想中的事物兴趣大，不让他人了解自己内心世界或私生活，以冷漠面纱包装自己。

此类人不愿与平常人相交为友，而表现出一种令别人意欲与他们接近的贵族气质，他们身上常散发着一种浪漫情调。

他们专心于鸡毛蒜皮的无聊小事，倔强而不肯包容，骄傲而外表冷漠，当无法下决心时，凭冲动决定事物。天生对手工艺、文学、美术感兴趣，对流行服饰感觉敏锐。对他人的一些小事非常热心，表现出优雅的社交风度。

与这类人交往时要知道他们其实内心善良，具有细致的心，生活严谨慎重，又有点迟钝，意志薄弱，是很难交往的人。

4. 强健型

他们的特征类似黏液质类型人的特征，其第一特征是肌肉发达、体态匀称、头部肥大、筋骨强壮、肩幅宽阔，言行循规蹈矩、一丝不苟，诚恳忠实，不少人是举重、摔跤选手或公司领导。他们的抽屉井然有序，写字是用一笔一画的正楷写成的。

这类人的第二个特征是常以秩序为重，遵循规律，每天生活充实，一旦着手某种工作，必坚持到最后。

这类人的第三个特征是速度迟缓，说话绕弯子，唠叨不停，写文章谨慎而周到，却过于繁琐，洋洋洒洒一大篇。

这类人是足以让人信赖但又稍嫌欠缺趣味性的坚硬性人物，易被妻子提出离婚要求。

这类人顽固执著，有拘泥于形式思考的习惯。

如果你想把握这种类型的人，不妨偶尔利用闲谈或请客来尝试与他们接触。

5. 瘦弱细线条型

这类人强烈的敏感性使他对自己周围的变化十分敏锐，常常会过于留意周围人的动静。这类人中很少有脑筋差的人，其中知识分子为多数。这类人无论做什么都自我承担一切责任，当他们犯错时常会说"都是我不好……"。

这类人心理不稳定，容易失衡，心情焦虑，自己却能经常发现自己的这种缺点，具有丰富和细腻的感情。

文静真诚而又顺从的神经质的性格，给别人的印象是没有自主性、迟钝、性情易变、不易相交。

对于受这类朋友或上司托付的事，一定要如实地实现，遵守约定，注意礼节等。

从许多的事实看，某种体型的人也确实容易形成某种个性品质和特征，借此可以对人的心理进行粗略观察和初步判断。只要别过于呆板，也还是有一定效果的。

从面相透视男人的真面目

恋爱与婚姻都是一辈子的事，前者的回忆是很难抹去，后者则是人生的重要里程碑，选了怎样的情人或老公，都将对自己产生不少影响。下面就给女性同胞们一一介绍。

1. 双耳贴脑之男

双耳贴脑的人，一般成就颇高。耳型美者听善言，自然有善心，所以通常耳相好者心肠都不会太差，非常值得情人信赖。不过，也许是聪明过人的缘故，这种男人多半很有主见，有时难免固执一些。

2. 悬胆鼻之男

鼻头区域圆大饱满，不仅仅是肉丰而已，而是指鼻内部的骨头结构相当结实。生有悬胆鼻的男人必然内脏构造优良、头脑发达，因此必有所成。他们对于婚姻和爱情相当有责任感，虽然嘴巴不言爱，但很疼爱女朋友或老婆。

3. 地阁丰腴之男

地阁是指脸颊、下巴周围之处，丰腴、有肉的脸颊，代表他们良好的人际关系，本身也比较随和、宽厚。特别在近左右腮骨处各有直的深纹一、两条，俗称成功纹，一方面表示这个人有积极向上和奋斗的踏实个性，也表示具有良好的人缘。

4. 双眼澄澈深邃之男

眼神深邃、眼波澄澈者，是个相当有幽默感的男人，也是个很聪明的读书人。他们到了社会，眼神会越来越偏向锐利，而留在学院中从事研究教学的人，眼神益发偏向深邃，却不显锐利，但两者的同一特色倒是都很疼爱自己的女朋友或老婆，因为他们很重视两个人的感情。

5. 八字眉之男

八字眉的特征是眉身特别上扬，到眉尾部分又陡然下降，长有这类眉的人，由于深具艺术细胞，与他相处会如沐春风，总觉得时光飞逝！身旁若有一个八字眉的男人，会觉得每天真的都是美好的日子。

6. 发际内凹之男

如果你希望有一个善解人意的情人或老公，那么一定不能错过这样的男人：发际内凹，不是尖出来生长，反而向内凹进去，形成额正中少一撮头发的模样。拥有这种少见的相，无论外表如何，却多是"心"美的人。他们相当地彬彬有礼，心地善良，特别是善解人意，极富有爱心，许多女性心中的偶像男明星梁朝伟，额中的头发相当稀薄，就是有此相特征。

7. 鼻高势强之男

鼻高隆，山根（两眼间）高，鼻子在脸的比例上稍稍偏大，准头丰圆，鉴台、廷尉（左右鼻翼）分明，而且完全不露孔，拥有这种鼻的人，个性十分朴实、实事求是，意志力都很强，会为了所爱的人与家庭，冲锋陷阵，对于情人的话也不会当耳边风，因为他们很重视亲人、情人的想法，而且也有能力作很好的沟通。

8. 唇肉饱满之男

上下唇不但饱满而且富弹性，感觉上绷得嘴型格外清晰，嘴角相当长，拥有这样嘴唇的男人喜欢说理式的表达，表情与肢体流露出充满理性的智能，算是一类风骚型的魅力人物，而这种知性、冷静的形象，会使人们在倾倒之余，还增加对他们的信服度。

9. 肌骨混合型之男

他们天庭饱满，腮骨突出，加上一个明显而略尖的下巴，脸上的肉不能说是丰腴，但显得很结实，且不露骨，所以说是肌骨混合型。这种人的精力充沛，活动能力、幽默感皆很强，掌握重点的能力特别好，性格偏向快速有效率，最重要的是，他们具有值得信赖的特质，责任心重，重视情人的想法，也非常愿意倾听，是个值得信赖的男人。

从男人的走姿了解他的性情

1. 步伐急促的男人

这类男人是典型的行动主义者，大多精力充沛、精明能干，敢于面对现实生活中的各种困难，适应能力特别强，尤其是凡事讲究效率，从不拖拖拉拉。

2. 步伐平缓的男人

这类男人走路总是一副不急不慢的样子，别人无论说得如何急他都不在乎似的，这是典型的现实主义派。他们凡事讲究沉着稳重，"三思而后行"，绝不好高骛远。如果他们在事业上得到提拔和重视的话，也许并不是他们有什么"后台"，而是他们那种脚踏实地的精神给自己创造了条件。

3. 身体前倾的男人

有的男人走路时习惯于身体向前倾斜，甚至看上去像猫着腰，这类人大多性格温柔内向，见到漂亮的女人时多半会脸红，但他们为人谦虚，一般都具有良好的自我修养。他们从不花言巧语，非常珍惜自己的友谊和感情，只是平常不苟言笑。与其他类型的人比较来说，他们总是受害最多，而且不愿向人倾诉，一个人生闷气。

4. 迈军事步伐的男人

走路如同上军操，步伐整齐，双手有规则地摆动。这种男人意志力较强，对自己的信念十分专注，他们选定的目标一般不会因外在的环境和事物的变化而受影响。

这种男人往往最讨女人欢心，也最让女人伤心，因为他们一旦盯上某个目标不达目的誓不罢休。他们若能充分发挥自己的长处，一定收效颇丰，因为他们对事业的执著是其他类型的人不可比拟的。但如果你的领导是这种人的话，日子可就不好受了，你会"吃不了兜着走"，因为他们一般都比较独裁。

5. 踱方步的男人

迈着这种步态的男人是非常沉着稳重的，他们认为面对任何困难事情时，最重要的是保持头脑的清醒，不希望被任何带有感情色彩的东西左右了自己的判断力和分析力。他们有时也觉得累，为了保持自己的尊严，他们很难在人前笑口常开，这是他们做人的准则。他们对自己的身体形态进行严格控制，虽然别人敬畏他们，可在一人独处时也感到十分压抑，因为他们涉世极深，城府极深。

从情人节的礼物判断他真实的想法

情人节得到礼物是令人愉快的，女人自然也希望得到礼物，是因为她能从得到的礼物中体会到送礼赠物之人的一片心意。

礼物中包含着送礼者的用心，借此礼物，就可知道他对你的想法了。

1. 送首饰的男人

戒指、耳环等装饰品几乎就是送礼者的"替身"，含有一直想跟在你身旁的意思。

项链、手镯等是"锁链"的象征，表示对方想拥有你，时刻紧紧地抓住你。

2. 送花的男人

男人送给女人的礼物中，最受欢迎的就是花。花象征着女性美丽和清纯。如果他送花，那么就是他从心底认为，你是个美丽、值得爱一辈子的女人。

如果那花是由对方亲自采集来送给你的，那么送花含有愿意为你做任何牺牲、任你吩咐和安排的意思。

3. 送手帕的男人

若男友送你手帕则他是在对你说"忘了过去吧"。手帕或毛巾等含有"洁净"的意思。用在男女之间，则很有可能是想清算过去，但也可能是请你忘记过去的不快乐。他太了解你了，对你过去的不快他很了解，但这也表明此后他将全心全意地爱你。

4. 送水果和糖果的男人

水果或糖果等含有一起吃或一起玩的意思，就更深层次意义而言，也可说是象征"游戏"。吃完玩完就不会留下任何证据。他所追求的也许只是把你作为爱情游戏的对象，当然，将来也可能发展至更深层次的关系。

5. 送内衣的男人

如果他送你内衣表示"我是你的奴隶"的意思。内衣当然有性的意味，也有奴隶的象征。越是高级奢华的内衣越能成为成人男女关系间的香料。

6. 送高级手表的男人

送高级手表并且希望你能随身携带的男性，有两个目的，一是夸耀自己的经济实力，另一个是希望一直拥有你。

7. 送衣服的男人

送衣服的男性，可以说是很自我的人。也就是，他是凭着自己的兴趣来决定你的喜好的。尤其是，他买衣服时没有带你去，你可以认定，他是个专断的人。

8. 送小礼物的男人

如果他送小东西给你，表示他对你很冷淡，虽然他被你未知的部分所吸引，但是，对你实在很不了解。当然，不了解不能说明不爱，只是爱的基础太薄弱，你应该让他更了解你。

9. 送 CD 的男人

他送你 CD 唱盘的话，表明他是以精神上的满足为第一考虑的人。他很仰慕你，借由音乐来表达对你的爱慕之意。他是个很浪漫的人，也是个很尊重你意志的人。

从男友喜欢的手指看他爱你有多深

你是否为不知道他对你是否真心而苦恼呢？相处也有一段时间了，他对你也很体贴，可你却为该不该对他付出太多感情而迷茫。

一种观点认为这个问题只要伸出你的手，让对方选择其中他最喜欢的是哪个手指就可以解决了。

1. 选择大拇指的男人

如果他选择大拇指，则表明他对你几乎死心塌地，唯命是从。说穿了你是他心目中的崇拜对象，甘心永远拜倒在你的石榴裙下。但是他的嫉妒心很强，要小心才是。

2. 选择食指的男人

如果选择食指，说明他对你可不是那么单纯！如果你很欣赏他，愿意付出完全的自己，那就危险了——可能他是一个逢场作戏的花花公子。

3. 选择中指的男人

他可能对你的中指非常有兴趣，那么他不够喜欢你。他只不过想跟你做个朋友而已，如果你想进一步和他交往，自己必须付出比较大的努力。

4. 选择无名指的男人

或许他会选择你的无名指吧，这说明他非常爱你。他爱你爱得让人无所适从，甚至殷勤得让你反感。

5. 选择小指的男人

如果他选择了你的小指，表明他暗恋你已经很久了，但是始终不敢流露自己的情感，你若钟情于他，快快暗示他，也许你们会比翼双飞，不要错过这种缘分。

从他对家人的爱观察他

一般而言，女性之间比男性之间更放得开、更善于表达，爱更容易说出口一些。父亲爱儿子的方式就是对儿子的训斥、呵护，而母亲对女儿则是一种温柔、无声、细腻的爱。

向家人表示爱的方式，会揭示一个人的基本性格特征，会透露一个人对待工作的态度。有的人性格外向乐观，可能更容易将爱表现出来；有的人比较内向含蓄，表达的时候可能比较不容易用开放的直接的方式。喜欢表达爱意的人，可能工作方面更加外显、更加张扬、更加热情充沛一些。不容易说出爱的人，是属于比较内敛、比较含蓄，做事稳重、踏实一些的人。

不同的人，表达爱的方式不一样，表现他对事物的看法也不同。有的人喜欢通过一些直接的行动表达自己对家人的爱。一句话、一个眼神、一次拥抱……搜狐做过一项名为"拥抱·爱·拥抱"的调查。据调查显示，57.1%的人不会吝惜自己的拥抱，希望直接表达出对家人、对朋友、对爱人的深情厚谊；64.8%的人可以接受"当众拥抱"；34.6%的人是为了"给所爱的人以支持或鼓励"才去拥抱的；70.8%的人会以"琐事见真情"的方式代替拥抱。但就"以拥抱表达爱"

这点来看，大多数的人愿意在琐事中见真情，这可能是受传统文化的影响较深。还有一部分人不会吝惜自己的拥抱，他们知道怎样表达爱，怎样做能够让别人感受到爱，他们了解自己也了解别人。

对家人爱的表达方式多种多样，每个人选择的方式不同。如果是夫妻之间，有些人会选用一些浪漫的方式，例如：送伴侣一束鲜艳美丽的玫瑰花；照一张情侣照，并把它装在一个漂亮的相框里，当作礼物送给对方；写一封短短的情书，把它贴在浴室充满雾气的玻璃上；寄封电邮或电传表达你的爱意；邀请对方参加一个精心设计好的约会，给她一个惊喜。这些表达方式别出心裁，很有创意，会给对方带来感动，增进夫妻双方的感情。能够想到这些方式的人很会经营自己的爱情和家庭，他们是有心的人，对待任何事物都会用心去做，富有想象力，充满创意。

可能有时候对伴侣的爱比对父母、对其他家人的爱表达得更容易一些吧。对伴侣说"我爱你"很正常，可是对父母说"我爱你"会让很多人觉得别扭。有一些人往往善于表达对伴侣、情人的爱意，却忽略了父母也需要直接而真诚的爱。他们心中承载的是小爱，却忽视了对父母的大爱。这样的人可能是比较粗心；可能是受惯了父母的宠爱，忘记了去付出；可能面对严父，无法直接表达自己的爱……无论怎样，他们不够细心，不够勇敢，没有全力付出的意识，会影响到对工作的态度。相反，有些人，即使不能直接对母亲说一声"我爱你，妈妈"，他们也能够用很多其他的表达方式来表现自己的爱：对家人说句感谢的话，为家里做些事，在日记里写下自己爱他们的话，再把日记放在他们容易看到的地方，节日送份礼物给父母、老人，以自己的方式表达对父母长辈的爱，用自己的实际行动表达自己对家人的感激和爱。这些人抱有真诚的爱心，拥有智慧的大脑，做事情还会不成功么？

花钱的男人

在不少男人的眼光中，金钱不但是财富的象征，而且是他们的权力和力量的象征，是衡量他们成功的尺度。

所以，从他们对待金钱的态度上，就可以了解他们的内心世界。心理学家可以从不同男人的用钱方式看出他内心的想法。

1. 过分地送礼物给女伴

这种男人既害怕失去对方，又不愿意付出太多的感情给对方，于是，就给对方多送些物质，希望以此弥补感情上的缺乏，这种行为足以看出这个人的情感，经常处于一种自我矛盾的状态。

2. 要求女方付钱

在有意无意间，他会让女方负担起全部约会的费用，这种男人严重缺乏安全感，希望别人能以各种方式给他保证。谈这种恋爱，女方容易陷入一厢情愿的处境。

3. 对 5 毛钱的买卖也斤斤计较

这种男人能和别人因为 5 毛钱而争得面红耳赤，但却肯花大钱买最好的音响或古董。这种男人对感情可能也同样的势利，他可能很爱对方，但绝对容不下对方的无理和任何不可靠的要求或行为。

4. 使用欺诈手段骗钱

有可能做出瞒骗公款和其他欺诈行为的男人，对感情也有欺骗行为。

5. 实际上很穷但却爱充阔佬

这种男人对钱看得过重，喜欢钱胜过对你的感情，为了赚钱，宁愿牺牲和他人的任何关系。

6. 经常叫穷，实际上口袋里有大叠钞票的人

这种人经常觉得不满足，总认为全世界都对不起他，要对付这种人是十分有困难的。

7. 最怕送人礼物

这种男人不懂得享受施予的乐趣，对待感情也同样的自私，他们只知道被爱，而不想去爱人。

8. 负债且生活不稳定

这种人不善于处理生活，也不会懂得如何处理感情和人际关系，理财能力和自制力也是极差的。

9. 视钱如垃圾，常借钱给朋友

这种人对金钱有正确的态度，对感情也会十分重视，值得对他付出感情。

沉默的男人

沉默的男人不好靠近。他用沉默在自己周围划出一道无形的沟壑，将你与他之间隔得远远的。你只能遥望着他，却无法了解他。封闭自己的思想，锁牢内心的情感，呈现在你面前的是无懈可击的铁桶。无论多么富有攻击性的女人，都会感到无从下手。

男人喜好沉默，有多种原因。受天然影响，在语言的表达上，男人与女人有着较大的差距。女人生就一张薄嘴唇，能言善道；男人嘴唇较厚，说话笨拙。既然不擅长口才，就只好沉默了，男人偏重理性思维，考虑问题注重质量和分量，所以在观念上也不喜欢侃侃而谈。男人一旦说话，便是金口玉言，好像要最后决策和拍板定案了。男人也只有在这个时候才想说话，说出的话才叮当作响，一字千金，因为这些话已在他心中经过深思熟虑了。

男人坚信"沉默是金"，唯恐言多有失。在封建社会，一语不慎，便会招来杀身之祸，乃至株连九族。几千年思想的沉淀，男人已总结出"慎于言，敏于行"的人生戒律，一代代地影响着男人。在经济飞速发展的当今社会，时间就是金钱，竞争又是男人的原则，使他们也无暇顾及言语，去说废话。他们要用行动去为自己争来一片天地，一番作为。

男人不尚空谈，喜欢脚踏实地去做事。男人做事认真，逻辑性强，总能把事情井井有条地处理好。男人自尊心强，警惕性也强，绝不留下任何把柄让人说三道四。男人看重能力，做事喜欢全力投入，给别人留下良好的印象。

男人的沉默必须建立在富有思想的基础上，体现出的是深度。这样的男人，才真正具有魅力。他的沉默，是积极的沉默，是富有进取心和竞争的沉默。那些自暴自弃、郁郁寡欢之徒是沉默男人的扭曲，已走向反面。这些男人的沉默，是遭受生活打击之后的冷漠，弥漫的是不健康的消极情绪，不利于别人的进取，也阻碍自身的发展。所以，他们的这种沉默，男人不足取，女人也不欣赏，更无魅力可言。

第四章

爱你在心口难开，从异性
微行为辨别求爱的信号

当某人身体的温度上升

一般来说，人们皮肤表层的温度会随着我们情绪的变化而变化。那些所谓的"漠不关心"或者是"冷漠无情"之人，通常他们的身体温度也就较低。这是因为他们由于紧张，血液都流到了大腿或者是手臂的肌肉里，以便其做好"战斗"或是"撤退"的准备。所以，当你说某某人"冷冷冰冰"的时候，这不仅形容了他的态度，也道出了他的体温。与之相反，当一个人对他人十分感兴趣，或是遇到了自己心仪的人，他的血液就会迅速上升到身体的皮肤表层，使他感到轻微的灼热之感。这就是为什么热恋的人会"感到激情的热度"，会有"热情的拥抱"、"热情的邂逅"，会"感到浑身发热"。对大多数女性而言，这种身体体温的上升就表现为面红耳赤，有时其胸部还会发红，出现红斑。

格雷汉姆的故事

一本书上讲了一位名叫格雷汉姆的情场高手的故事：

不管是参加何种规格的宴会，他总能迅速地"物色"到自己心仪的女性，然后在非常短的时间内（有时不到 10 分钟）和该女性一同离开，一起到他的家中。有些时候，格雷汉姆甚至可以在一小时内又回来，在"物色"到满意的对象后，又将其带到自己的家中。他似乎天生就具有在适当的时候"猎取"到自己满意"猎物"的本领，然后再让对方和他一起回家。

格雷汉姆为什么具有大多数男性梦寐以求的这个独特本领？他吸引女性的秘诀究竟是什么呢？主要在于格雷汉姆能巧妙、含蓄地向女性传达自己富有性感意味的身体语言，同时能识别、捕捉女性求爱的"非语言信息"，并能准确地把握做出这些动作姿势的女性心理。行为学家和动物学家的研究也证实了这一点。

欧美国家的一些动物学家和行为学家通过对动物求偶行为的研究显示，雄性动物和雌性动物在求爱的过程中会使用一系列复杂的求偶姿势，其中一些姿势十分明显，有些姿势则非常隐蔽，而几乎所有的姿势都是在无意识状态下做出来的。在纷繁复杂的动物世界中，每种动物都有自己独特、天生的求偶姿势，即使是同一种类的动物，它们也有各自的求偶姿势。比如鸟类，求偶时它们非常喜欢在对方面前炫耀自己，其炫耀姿势丰富多彩，各式各样。婉转的鸣叫是一种经常可以见到的求偶炫耀方式。如鸡禽的鸣唱、杜鹃的晨夜鸣叫、啄木鸟用喙急促地敲打空心树干所发出的击鼓之声等。除此之外，有的鸟类还用炫耀羽毛和特殊的姿态动作向对方表达情意。如野鸭等水禽可在水上做出各种的钻水姿势，把水花溅起很高；雄田鹬在发情时，展开尾羽从高空飘然而下，这时的气流会使细薄的尾羽发出奇异的声响，以此吸引异性的注意；红尾伯劳雄鸟常做摇头、摆尾及"鞠躬"等姿态，雌鸟则下垂双翅，做快速抖动，尾羽展开如扇，然后双方以喙相互摩擦。这些动作和人类在求爱时的举动非常相似。

格雷汉姆之所以能"屡屡得手"，关键就在于他向自己中意的女性频频展示自己的求爱姿势。而那些对他感兴趣的女性在"读懂"格雷汉姆姿势语言的意义后，就会回应她们的求爱讯号，给格雷汉姆做进一步行动的暗示。

女性在调情中成功率的大小主要取决于她们向男性发出求爱信号的能力和解析男性传回来的信号能力的大小。对男性而言，他们求爱的成功率则主要取决于他们解读女性传来的求爱信号的能力大小而不是他主动发出求爱信号能力的大小。大多数女性对身体语言都比较敏感，因而她们常常能准确接收到男性向他们发出的求爱信号。然而，男性则没有如此幸运，因为他们对身体语言的敏感程度大大逊色于女性，所以很多时候当女性向他们发出求爱信号后，他们往往茫然无知。这可能也是很多男性无法找到自己潜在伴侣的原因之一。对女性而言，她们寻找伴侣的最大困难不是发现找到自己的伴侣，而在于她们能否找到符合她们标准的男士。

为什么总是女性掌握局势

如果你问男士，在求爱的过程中通常是哪一方首先行动的，绝大多数男性都会毫不犹豫地告诉你，是男方。事实果真如此吗？答案是否定的，几乎所有有关求爱的研究都表明，在男女求爱的过程中，90%的情况下，都是女方掌握局势、首先采取行动的。

一般来说，女性向男性主动示爱的行动就是用眼睛、身体或是脸部向自己感兴趣的男性发出一些微妙、颇具隐蔽性的信号，如果对方足够敏锐，能够读懂这些信号的话，就会加以回应。比如，在一个宴会场合上，某位女士对一位英俊的男士非常感兴趣，于是她主动来到了距离该男士的不远处。随后，她用半睁开的眼睛盯着这位男士，以便让该男士知道自己在注意他。当她发现心目中的这位"白马王子"注意到自己充满柔情蜜意的目光后，赶紧移开了目光。正如这位女士所期盼的那样，很快，这位男士便来到了她身边，并和她交谈起来。毫无疑问，在上述整个求爱过程中，那位女士首先采取了求爱行动。她对那位男士轻轻的一瞥，让对方产生了一种窥视与被窥视的挑逗感觉，从而让他来到了自己的身旁。

有些时候，在一些场合，比如健身俱乐部、酒吧等，某些男士可能会主动向一些女性示爱，并取得了成功。但是，总体而言，他们成功的几率非常的低，因为他们事先没有收到或读懂女性表示好感的暗号。他们中的一些人之所以会取得成功，只不过是通过多次尝试而最终得以成功罢了。

此外，心理学家通过研究发现，如果主动向女方示爱的男性预感到自己这次行动可能会遭遇失败的话，他极有可能会假装走到那位女性面前，问一些无关紧要的话，比如，"我们好像在哪儿见过面"，"你在某某公司工作吗"，再或是"你是某某的姐姐吧"等等。一般来说，如果某位男性穿过房间前去和一位女性进行交谈，通常都是得到了该女士身体信号的邀请。所以，在求爱的过程中，表面看来很多情况下是男士们首先行动，走上前去和女性搭讪，但实际上却是女性首先发出了求爱的信号，并最终由她们完成了90%的调情动作，只不过这些动作比较隐蔽和微妙。这可能也正是很多男性认为他们才是求爱过程中采取主动的那一方的原因之所在。

女性的求爱信号和姿势

一个人如果想吸引某位异性，他（或她）会向对方发出明显的身体信号。澳大利亚人际交流专家阿兰·皮斯在《身体语言》一书中表明：能否成功获得异性的青睐主要取决于个体如何传递这些信息，以及如何诠释反馈回来的信息。研究人员之间达成的一致共识是——女性会比男性表现出更多的示爱信号。

　　女性比男性发出的示爱信号更加微妙，也更难以捉摸，她们还能比男性更加敏锐地发现异性发出的示爱信号。一个女人如果隔着一定的距离看到她认为非常有魅力的男人，她可能会向对方展现出自己的背面的轮廓，以这种方式作出一些行动。阿兰·皮斯和以《观察人类》一书著称的英国动物学家和人类行为学家德斯蒙德·莫里斯博士论述了一些观察结果，并作出了相应的阐释，如下面所示。

女性的示爱信号

女性可能这么做	含义和意图
◇与一个男人的目光相遇后，又迅速移开	对某个男人感兴趣；会让某个男人认为这一行为很有吸引力，因为这一信号实际上示意女性对他隐藏的爱慕之情（也可能是厌恶、紧张）
◇肩膀微微抬起，越过肩膀看着那个男人，并且比人们在正常情况下看对方的时间要长（参见下页图1）	这是自我模仿的动作；在这个时候，肩膀可以看做是一种性吸引。较长时间的注视，表示其对这个男人感兴趣
◇把头向上一扬，将头发拂到后面	表示对某个男人感兴趣；将头发拂到后面，让脸露出来，为的是得到男性的爱慕（可能只是出于习惯性的动作）
◇轻拍并理顺头发	这种精心打扮自己的行为目的在于吸引某个男人（可能只是出于习惯性的动作）

(续表)

◇用舌头润湿自己的嘴唇	一种自我模仿；对男性的吸引（可能是为了让自己感到舒适，或者只是出于习惯性的动作）
◇展示柔软的手掌部位和手腕的内侧（参见下页图2）	希望某个男人善待、爱抚她；手腕通常被认为是一大性感区，能够唤起人的情欲（可能只是出于习惯性的动作）
◇站立的时候将手放在腰间	吸引男性注意自己的胯部（可能只是习惯性的站姿）
◇摆弄或抚弄圆柱形的小东西，比如铅笔、香烟或酒瓶瓶颈	希望爱抚那个男人的生殖器（可能是因为紧张）
◇走路的时候扭动屁股	吸引某个男人注意她的性感区（可能是出于习惯性的步态）
◇双腿分开坐着或站着	吸引某个男人注意自己的性感区（可能是习惯性的坐姿或站姿；也有可能是变得没有耐心）
◇坐着的时候盘起一条腿放在另一条腿的下面，膝盖对着那个男人。这样一来，他就能够看到她的大腿内侧；她的头和身体转向他（参见下页图3）	吸引男人注意她的性感区；身体、头部、膝盖都对着某个男人的方向，表明她对那个男人感兴趣（可能只是习惯性的姿势；或者只是为了坐着舒服而采用这个坐姿）
◇当她缓缓地交叉双腿或松开双腿的时候，会轻轻地抚摸大腿	希望某个男人能够爱抚她；吸引男人注意她的性感区（可能只是为了自己感觉舒服；可能只是在改变坐姿）
◇坐着的时候，将一条腿绕在另一条腿上（参见图4）	吸引某个男人的注意（可能是因为紧张、害羞；或者是出于习惯性的动作；也可能是出于防御性的动作）
◇跷着二郎腿坐着，跷起的那只脚上半吊着鞋（参见图5）	性吸引（可能是因为紧张；缺乏耐心；或者是出于习惯性的动作）

什么样的女性才是男性所喜爱的

什么样的女性才是男性最喜爱的？近来，美国的行为学家和生理学家通过大量的实验研究发现，无论是在西方，抑或是在东方，在绝大多数男性眼中，那些具有优秀生育能力和非常性感的女性是最具魅力的。理所当然地，这些女性也就成了绝大多数男性眼中的美女。

有研究表明，男性更喜欢拥有娃娃脸的女性，即长有大眼睛、小鼻子，丰满嘴唇和脸颊的女性。因为这种脸部特征更能唤起大多数男性潜意识中的父爱和保护欲。这也是为什么很多整容广告都喜欢用"娃娃脸"女性做模特的原因。有趣的是，女性却不大喜欢那些长着"娃娃脸"的男性，她们更喜欢脸庞成熟的男性——即有浓而黑的眉毛、结实的下巴和较大、较挺的鼻子。因为这样的男性看上去更能给她们安全感。

不可否认，很多时候，相比容貌普通的女性，漂亮女性更能吸引男性的目光，但这绝不意味着一定要十分漂亮才能吸引男性的目光。行为学家研究发现，一个女性能否吸引男性的眼光很大程度上取决于她是否能主动向男性传递信号，以示邀请。这就是一些相貌十分普通的女性，身边却从来不缺乏追求者的原因。因而，心理学家得出，男性对那些主动向自己发出邀请信号的女性的兴趣比那些相貌出众的女性要大得多。

在很大程度上来说，一个人的容貌是天生的，虽然通过一些美容手段可以让一个相貌普通的女性变成男性眼中的"万人迷"，但其成本和代价却是相当大的，更为重要的是，一些美容手段还具有相当的风险性。不过，这个消息可能会令很多女性感到兴奋，即一个女性主动向男性发出邀请信号并不是天生的，而是后天练习和学习得来的。所以，一个女性能否获得男性的喜爱，天生的漂亮固然会让她相比其他女性占有一定的优势，但更为重要的是，她能否主动向男性发出邀请信号。

为什么漂亮的女性却没有机会

一本书上讲了这样一则故事：

某个周末，年轻、漂亮的露丝和朋友珍妮一起去参加一个晚会。舞会开始后，露丝高傲、冷漠地站在舞池旁边，就像童话中的白雪公主一样不可接近。与之相反，相貌普通，身材胖胖的珍妮满脸微笑地站在露丝旁边。很快，便有男性陆续朝她们俩走来。这让露丝激动不已，因为她很想在舞池中"露一手"。所以看见迎面走来的男性后，她认为这些男性肯定是来邀请她共舞一曲的。结果，令她失望的是，那些先后走到她身旁的男性不约而同地把他们的手伸向了旁边的珍妮。这让露丝恼怒万分，但碍于场合，她强压住了自己心中的羞愧和怒火。与此同时，露丝脸上的表情显得更为严肃、高傲、冷酷。直至晚会结束，虽然邀请珍妮的男性络绎不绝，但却没有一位男性向露丝伸出邀请之手。

为什么年轻、漂亮的露丝在舞会上没有得到一位男性的邀请，而相貌普通、身材较胖的珍妮却一次次得到男性的邀请呢？正所谓"爱美之心，人皆有之"，难道那天晚上参加晚会的男性都对年轻、漂亮的女性不感兴趣？答案是否定的。珍妮之所以会频频得到男性的邀请，关键就在于她用自己的身体——微笑，准确无误地向那些"舞林高手"传达了这样一个信号：我很喜欢跳舞，你们放心邀请我吧，来者不拒！如此一来，珍妮用自己的微笑冲破了晚会中很多男性心中的犹豫和顾虑，同时，它也让他们感到在她身旁很愉快，充满了信心。

与之相反，年轻、漂亮的露丝内心虽然也万分渴望自己被异性所邀请，令人遗憾的是，她用自己的身体语言——严肃、高傲、冷酷的表情，向那些企图邀请他共舞一曲的异性发出了这样的信号：你最好安静地走开，我可不想和任何人跳舞，如果你坚持要和我跳舞，那只能会让你自讨没趣。面对这样的"警讯"，当然没有哪个小伙子愿去冒险碰壁。

由此可见，我们每个人，尤其是那些年轻、漂亮、心高气傲的女性必须认真学习身体语言，以便能向异性发出准确无误的信号。那具体来说，应该如何来做呢？

首先，必须懂得身体语言。如果一个人不懂得身体语言，这极有可能会导致她把肯定的意思表达为否定的意思，把否定的意思表达为肯定的意思。比如，某个人心里非常生气，虽然她尽量控制自己心里的怒火，但是，在与对方说话时，她却咬牙切齿地对别人说道："没事的，我不会生气的，你就放心吧！"面对这样的情况，如果你不了解或懂得她发出这些语言信号的真实含义，还在那自以为是，理所当然地认为对方真的没有生自己的气。这是非常可笑和荒唐的。

　　其次，必须懂得如何让身体语言发出的信号对别人产生作用。身体语言是一门非常深奥的学问，很多时候，它更需要我们用心去体会，用行动去诠释。要想成功做到这一点，我们每个人，尤其是那些年轻、貌美、心高气傲的女性，必须懂得如何把披着美丽外衣、至今掩饰着的真正的"我"明白无误地表现出来。如此一来，我们不仅能让自己变得平易近人，还能把自己从自我划定的小圈子中解放出来。